AF283459

Soldadura por arco bajo gas protector con electrodo consumible, soldeo «MIG/MAG»

Guía para el docente y solucionarios

ic editorial

Editado por: IC Editorial
c/ Cueva de Viera, 2, Local 3
Centro Negocios CADI
29200 Antequera (Málaga)
Teléfono: 952 70 60 04
Fax: 952 84 55 03
Correo electrónico: iceditorial@iceditorial.com
Internet: www.iceditorial.com

Guía para el docente y solucionarios:
Soldadura por arco bajo gas protector con electrodo consumible, soldeo «MIG/MAG»

1ª Edición

ISBN: 979-13-7027-127-5
Depósito Legal: MA 120-2026

Impresión: PODiPrint
Impreso en Andalucía – España

Nota de la editorial: IC Editorial pertenece a Innovación y Cualificación S. L.

Índice

Guía para el docente: técnicas de enseñanza y aprendizaje

Contenido

1. Introducción

El presente capítulo está destinado a ofrecer al cuerpo docente responsable de la enseñanza del programa de cualificaciones profesionales y certificados de profesionalidad, una guía metodológica para obtener el máximo rendimiento de los contenidos formativos que han sido desarrollados para el presente título.

La mejora de las habilidades comunicativas y la aplicación de una metodología contrastada de enseñanza, aprendizaje y evaluación permitirá transmitir el conocimiento y adquirir el programa formativo de la forma más efectiva y práctica posible.

Estudiaremos cuáles son los principales elementos que forman parte de la comunicación profesor-alumno, a través de una cuidada selección de sistemas de planificación de estrategias didácticas, así como la utilización de medios y recursos didácticos.

La integración de todas las actividades planificadas alrededor de un plan de formación adaptado e individualizado, aumentará además la satisfacción del alumnado por la utilización de un sistema no lineal e interactivo que se retroalimenta gracias a la relación establecida entre la propia metodología y los actores que forman parte de la enseñanza.

2. El programa de formación

Una de las claves del éxito de la mayoría de las actividades que se realizan en general, y concretamente en la formación, es la **programación.** Es necesaria la programación de las acciones formativas, para que así se pueda alcanzar el objetivo final, es decir, que el alumno obtenga una buena capacitación y adquiera nuevos conocimientos en su repertorio y que, después, sea capaz de emplearlos en su trabajo.

2.1. Definición de programación

Cuando se habla de **programación,** se pueden encontrar multitud de definiciones. Para sintetizar, se podría definir como la actividad de enunciar lo que se quiere hacer (objetivos, contenidos, métodos, temporalización, medios y recursos didácticos y evaluación).

 **DEFINICIÓN**

Programación

Es un plan donde se establecen las acciones que se van a realizar en un proceso de enseñanza-aprendizaje, por medio de un formador o un equipo.

A continuación, se va a describir una serie de características que tiene que tener una programación didáctica:

⮑ Dinámica. Una programación no es estática ni está acabada, siempre está en constante revisión, de ahí su dinamismo. Además va cambiando o evolucionando según los resultados de la evaluación continua que se va realizando durante la ejecución de la acción.

⮑ Flexible. Esta característica permite que se puedan hacer cambios, ampliaciones, reducciones y actualizaciones de los contenidos y actividades programadas, según las necesidades que se observen.

⮑ Creativa. La programación como es un diseño propio y exclusivo, exige creatividad y originalidad. El docente es el que decide sobre el quehacer en el aula teniendo en cuenta las características del grupo, las necesidades que se pretenden satisfacer y las propias posibilidades.

⮑ Prospectiva. La programación consiste en hacer un pronóstico de la interacción que se va a producir en el aula.

⊃ Sistemática. La programación es un proceso sistematizador que da coherencia a la acción formativa, ya que tiene en cuenta todos los elementos (objetivos, contenidos, métodos, temporalización, medios y recursos pedagógicos y evaluación) que intervienen en el acto educativo y analiza sus relaciones.

⊃ Integradora. Permite integrar elementos de cualificación técnico-profesionales con elementos de cualificación personal de alumnado.

⊃ Funcional. Toda programación debe basarse en el perfil profesional de la ocupación y estructurar los contenidos formativos que proporcionan las competencias de ésta.

2.2. Elementos de la programación

Antes de empezar cualquier programación formativa, es necesario tener en cuenta los datos obtenidos del análisis de la ocupación y del grupo al que se dirige la acción formativa. A partir de esta información, se determinan los elementos que van a conformar la programación.

Cuando se realiza la programación de un curso, hay que plantearse previamente las siguientes preguntas:

1. ¿Qué quiero conseguir con la formación?	**OBJETIVOS**
2. ¿Qué conocimientos deben asimilar los alumnos para alcanzar los objetivos propuestos?	**CONTENIDOS DEL CURSO**
3. ¿Cómo trabajamos en el aula? ¿Qué actividades son las que realizamos?	**MÉTODOS DE ENSEÑANZA**
4. ¿Cuánto tiempo tengo y cuánto dedico a cada módulo?	**TEMPORALIZACIÓN**
5. ¿Qué medios y recursos didácticos se necesitan para poder llevar a cabo esas actividades?	**MEDIOS Y RECURSOS DIDÁCTICOS**
6. ¿Cómo sabemos que se ha producido el aprendizaje?	**EVALUACIÓN**

3. Factores determinantes de la efectividad de la comunicación en el proceso de enseñanza-aprendizaje

En toda comunicación que se produzca en el proceso de enseñanza-aprendizaje, existen factores determinantes que obstaculizan o refuerzan este proceso.

3.1. Obstáculos de la comunicación

Relacionados con el emisor

- No expresar de forma clara qué mensaje se quiere transmitir.
- Comentar algo a lo largo de la explicación que no sea lo correcto y pueda resultar desagradable.
- Cambiar el tema de conversación.
- Desviarse del tema que se está tratando.
- No mirar al receptor cuando se quiere expresar algo.
- No estar atento a las señales que emite el receptor.
- Expresar alguna idea a través de los gestos que no se corresponda con la idea a comunicar.

Relacionados con el receptor

- No comprender las ideas que quiere expresar el emisor.
- No pedir explicación al emisor de aquella información que no le haya quedado clara.
- Interrumpir al emisor cuando está hablando.
- Captar algo diferente a lo que el emisor desea transmitir.

Relacionados con el mensaje

- Mensaje confuso.
- Mensaje muy corto.

- Mensaje muy extenso.
- Abuso de muletillas.
- Utilización de frases sin terminar.
- Dar "rodeos" para decir la idea principal.

Relacionados con el contexto

- No ser el momento adecuado para transmitir algo.
- No saber escoger el lugar oportuno.
- La presencia de ruidos y de interferencias.
- No pensar en las personas que están cerca.

Relacionados con el código

- No utilizar el mismo código que la persona con la que se habla o a la que se escucha.
- No adaptar el vocabulario a la situación o a la persona con la que se conversa.
- Utilizar el doble sentido.

3.2. Sugerencias para el mejor funcionamiento de la comunicación

Emisor

- Acostumbrarse a planificar la comunicación.
- Concretar visiblemente los objetivos.
- Buscar la retroalimentación en la comunicación.
- No tratar de impresionar al receptor.

Mensaje

- Que sea claramente entendido por el receptor.
- Que la terminología usada sea de referencia común.
- Que reclame la atención y el interés del alumnado.
- Que sea sencillo de interpretar.

⊃ Que su contenido sea adecuado y convincente.

⊃ Que produzca el máximo efecto posible.

___

Canal

⊃ Que sea el más apropiado al grupo al que se dirige, al contenido del mensaje y al objetivo que persigue el formador.

⊃ Que sea el que cause mayor impacto en el receptor.

⊃ Que sea el más eficaz.

⊃ Que sea el que mejor domine el formador.

___

4. La comunicación verbal y no verbal en el proceso instructivo

Los medios de comunicación pueden agruparse en dos grandes bloques: los **medios verbales,** que son aquellos que usan la lengua como código compartido; y los **medios no verbales,** que son los que se fundamentan en otros códigos simbólicos. A su vez, dentro de los medios verbales, están el medio escrito y el medio oral.

Cada uno de estos medios tiene sus ventajas y sus inconvenientes, por lo que la selección del medio deberá tener en cuenta las circunstancias y características que en cada caso presenta el comunicador, la audiencia y el mensaje que se ha de transmitir.

___

4.1. Los medios verbales

___

La comunicación verbal

La comunicación verbal se utiliza para comunicar ideas o dar información, opiniones, expresar o describir sentimientos, etc. Sirve de vehículo a los contenidos explícitos del mensaje. Para garantizar la efectividad de la comunicación, es necesario que el mensaje se presente de forma descriptiva y operativa, pero siempre teniendo muy en cuenta el código común del grupo al que va dirigida esta comunicación.

Un uso correcto del lenguaje oral ayuda a acercarse más a los alumnos. Los principales aspectos a considerar son los que aparecen a continuación.

Construcciones gramaticales

El objetivo será transmitir el mensaje de la manera más clara posible. Se deben evitar los giros rebuscados, la sintaxis complicada y las metáforas. En las explicaciones y conversaciones debe primar el contenido sobre la forma.

Vocabulario

Es importante saber qué palabras van a expresar mejor los conceptos que se desean transmitir y las que pueden ser comprendidas mejor por los alumnos. El análisis previo de los alumnos ayuda a saber qué términos técnicos se pueden utilizar sin problemas, cuáles se tienen que explicar y cuáles se deben evitar.

En general, siempre hay que mantenerse dentro de un lenguaje formal, evitando los vocablos demasiado coloquiales, las palabras extranjeras, las referencias académicas y expresiones de carácter religioso, político, deportivo o cultural, que pueden resultar agresivas para los alumnos.

Ejemplos

Los conceptos abstractos que pueden aparecer y que dificultan la adquisición de los contenidos, tienen que ser expresados mediante las explicaciones del formador, siempre apoyándose en la visualización.

La comunicación escrita

La comunicación escrita posee un carácter más veraz que la oral. La interacción que tiene lugar entre el emisor y el receptor no es inmediata, en algunas ocasiones no llega a producirse jamás. Este tipo de comunicación ofrece más oportunidades expresivas y mayor complejidad gramatical, sintáctica y léxica. También hay que tener en cuenta que a veces dificulta la expresión y/o puede no proporcionar *feedback* de manera inmediata.

4.2. Los medios no verbales

Al igual que las palabras, los elementos de la comunicación no verbal son signos que representan una idea (se excluyen todos los signos lingüísticos).

A diferencia de la comunicación verbal, su función no se centra sólo en la transmisión de contenido, sino que traspasa esa frontera para expresar también las emociones del emisor, controlar la interacción y proporcionar *feedback* del efecto que el mensaje produce en el receptor. Todas estas funciones son muy útiles para el formador, tanto en su tarea de transmisor de conocimientos como en la tarea de motivar y dirigir al grupo.

A continuación, se detallan las diferentes categorías en las que se agrupan los elementos de la comunicación no verbal.

Kinesia

Posturas

Una de las primeras cosas que el formador debe transmitir a sus alumnos es confianza y seguridad, lo que puede conseguirse a través de una postura erguida (sin llegar a ser arrogante), de pie, apoyándose sobre los dos pies y manteniendo la cabeza alta.

Esta postura es útil, especialmente durante la presentación del curso, porque ayuda a relajar el cuerpo, a facilitar la respiración y a controlar las muestras de nerviosismo, al tener un buen apoyo en el suelo.

A medida que avanza el curso, se pueden adoptar otras posturas que faciliten el descanso (apoyarse), el acercamiento (echar el cuerpo hacia delante) o que resten protagonismo (sentarse).

Gestos

Los gestos son un buen aliado del formador, excepto cuando éste se siente incómodo o nervioso. Gestos de carácter adaptador, como rascarse o colocarse la ropa, pueden delatar su estado emocional.

La mayoría de los gestos cumplen la función de reforzar el mensaje verbal (ilustradores), aunque existen otros cuya función es regular las intervenciones cuando se dirige una discusión de grupo.

Expresiones faciales

Las expresiones de la cara transmiten las emociones y permiten obtener fácilmente una respuesta del alumno.

Una expresión facial agradable, como una sonrisa no forzada, facilita la creación de un ambiente relajado en el aula. Una sonrisa puede ser muy útil también para romper la tensión que inevitablemente surge en algunas sesiones.

Mirada

La mirada, junto con la postura, es uno de los mejores métodos para transmitir confianza (en momentos de nerviosismo se tiende a apartar la vista) y para captar la atención de los alumnos.

Mientras el formador habla debe mantener la mirada sobre los alumnos la mayor parte del tiempo, mirándolos el tiempo suficiente como para que se sientan atendidos pero no incómodos. También se puede utilizar la mirada durante las discusiones de grupo, con una función reguladora de las distintas intervenciones.

Desplazamientos

Realizar desplazamientos en el aula capta la atención del alumnado, además de facilitar el contacto visual. Hay que procurar que no sean repetitivos o bruscos (pasear cerca de los alumnos), y cambiar de un recurso a otro (ir de la pizarra al retroproyector), etc.

 **RECUERDE**

Los recursos no verbales que estudia la Kinesia son:

- Posturas.
- Gestos.
- Expresiones faciales.
- Mirada.
- Desplazamientos.

Estos recursos pueden utilizarse tanto para reforzar lo que se expresa mediante la comunicación verbal como para sustituirlo.

Proxémica

El aspecto de la proxémica que más interesa es la proximidad física entre los individuos, ya que los alumnos pueden sentirse violentos si el formador se aproxima excesivamente a ellos o, por el contrario, verle distante si no se acerca.

Se debe prestar atención a este aspecto, tanto durante las intervenciones como al distribuir el espacio del aula que se va a emplear, evitando siempre que los asientos estén demasiado juntos o demasiado separados.

Paralingüística

Para captar la atención del público, los oradores suelen hacer uso de determinados aspectos como el tono de voz o las pausas, que en algunos casos pueden parecer exagerados.

El formador, aunque emplee el método de la lección magistral, no es un orador y, por tanto, no debe prestar especial atención a estos aspectos, excepto cuando le plantean algún problema, debido a la ansiedad, al cansancio o a un mal estado de salud. Practicar en voz alta y realizar grabaciones durante la fase de preparación puede ayudar a vencer estas dificultades.

Volumen

Aunque el aula sea pequeña, se tiene que realizar el esfuerzo de hablar lo suficientemente alto para que todos los alumnos oigan las explicaciones y, a la vez, transmitir confianza. En general, el volumen se ajustará instintivamente cuando se compruebe dónde se sitúa la persona que se encuentra más alejada.

Entonación

El problema más frecuente, especialmente si se está cansado, es la monotonía, que no contribuye a captar la atención ni a motivar a los alumnos.

El interés que el formador muestre por el tema y una correcta preparación le hará destacar los puntos clave y jugar con la entonación de una forma adecuada a lo largo de toda la exposición.

Pronunciación

Los problemas se presentan especialmente cuando se está nervioso o se habla demasiado rápido. Se debe hacer un esfuerzo por articular todas las palabras de manera limpia y clara, abriendo la boca lo suficiente para pronunciar correctamente las sílabas, consonantes y vocales.

Velocidad

Una velocidad correcta puede ayudar a resolver problemas de pronunciación y de entonación. Se debe hablar a una velocidad normal o algo superior, para facilitar el mantenimiento de la atención. No obstante, si se está nervioso, se puede hablar con mayor lentitud para facilitar la respiración y relajarse. También se debe reducir la velocidad cuando se expliquen conceptos técnicos complejos o cuando se espere alguna respuesta por parte de los alumnos.

 **RECUERDE**

Los elementos que trata la Paralingüística son:

- El volumen.
- La entonación.
- La pronunciación.
- La velocidad.

Proyección física

Existen determinados factores que, sin que la persona diga ni haga nada, transmiten información y hacen referencia a la imagen física que esta persona proyecta.

Es fundamental que el formador transmita una imagen positiva para los alumnos. Se debe cuidar el aspecto externo y los artefactos que se usen, como los adornos y prendas de vestir. La manera adecuada de vestir depende de la situación y siempre debe estar en consonancia con lo que cada colectivo de alumnos espera del formador.

 EJEMPLO

Sería negativo vestir pieles para impartir un curso cuyo objetivo fuese desarrollar actitudes positivas hacia la protección del medio ambiente.

En cualquier caso, se debe llevar ropa que resulte cómoda, bien cuidada y no demasiado llamativa. A los adornos y al peinado se aplican las mismas reglas que al vestido.

 IMPORTANTE

Un objetivo fundamental del formador es dirigir la atención de los alumnos hacia el contenido que está desarrollando, nunca hacia su persona.

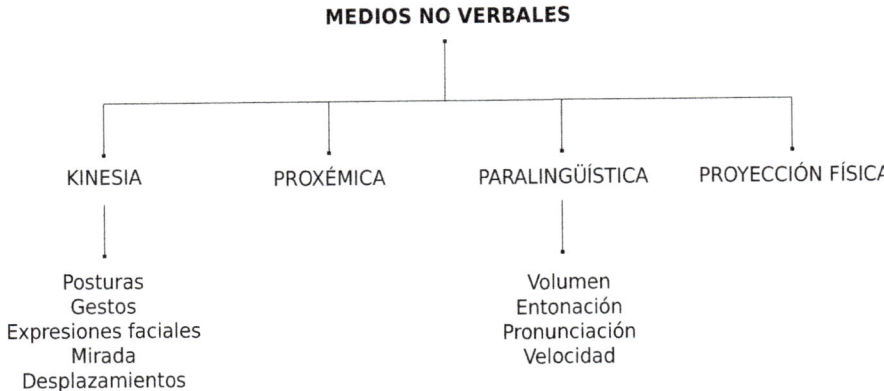

Finalmente, conviene recordar que si el formador observa atentamente la comunicación no verbal que expresan los alumnos, obtendrá una gran cantidad de información.

Hay numerosos signos no verbales que puede mostrar el alumno:

- ⮑ **Atención:** posturas del cuerpo (inclinado hacia delante, hacia atrás...).
- ⮑ **Necesidad de hablar:** movimientos sutiles de la boca, de la mano, etc.
- ⮑ **Irritación:** movimiento de pies, manipulación de objetos sobre la mesa, etc.
- ⮑ **Concentración:** tomar apuntes, mirar al docente, etc.
- ⮑ **Cansancio:** cuerpo hundido, suspiros, etc.
- ⮑ **Inercia:** silencios de todo el grupo, etc.
- ⮑ **Desinterés:** cerrar el cuaderno, bostezar, mirar al vacío, etc.
- ⮑ **Sorpresa:** levantar los brazos, abrir la boca, levantar las cejas, abrir los ojos, etc.

Si se observan estos elementos de forma atenta, se podrá obtener información sobre la comprensión del mensaje y el estado emocional de los alumnos, lo que será de gran utilidad para el formador durante el curso.

La comunicación no verbal aporta información al formador sobre los alumnos

5. Técnicas de secuenciación de contenidos

Una vez seleccionados los contenidos, hay que ordenarlos secuencialmente. La **secuenciación y estructuración de los contenidos** es el proceso que permite situarlos en una configuración que produce el máximo aprendizaje en el mínimo tiempo posible.

Algunas de las técnicas para la secuenciación de contenidos son las siguientes:

- ⮐ Que los contenidos estén de acuerdo con los objetivos propuestos y con los plazos previstos para conseguirlos.
- ⮐ Empezar por los contenidos más próximos y significativos para el alumno, para llegar poco a poco a lo desconocido. De esta manera, resultará más fácil introducir los nuevos contenidos.
- ⮐ Ir de lo inmediato a lo remoto.
- ⮐ Ir de lo concreto a lo abstracto.
- ⮐ Ir de lo más fácil a lo más difícil. Esto motiva al alumnado porque le va mostrando los avances de manera rápida.

Las principales ventajas que este proceso conlleva son:

- ⮐ Ayuda al participante a pasar de un conocimiento o habilidad a otro.

⮞ Garantiza que los conocimientos y habilidades previas son alcanzados antes de introducir elementos nuevos.

⮞ Reduce el tiempo de formación.

⮞ Evita la confusión y los fallos en el participante.

Estos puntos son los principales aspectos a tener en cuenta cuando se realiza la presente fase de la programación de la formación, es decir, cuando se fijan los contenidos de la formación.

6. La selección y planificación de estrategias didácticas

Las personas que realizan un curso de formación son diversas, por ello es muy importante que las estrategias didácticas se adapten, de la mejor forma posible, al contexto y permitan una flexibilidad.

 **DEFINICIÓN**

Estrategias didácticas

Son procedimientos que el formador emplea para facilitar el aprendizaje, con la intención de que éste sea significativo.

Tras la selección y estructuración de contenidos, llega el momento de decidir la modalidad de formación a seguir y la metodología a utilizar en su impartición. Pero esta decisión no se puede tomar arbitrariamente, sino que ha de basarse en unos criterios. Los criterios de decisión básicos para determinar qué estrategia y qué método de formación es el adecuado, son:

⮞ La compatibilidad con los objetivos.

⮞ Los principios generales del aprendizaje del adulto: individualización, motivación, utilidad, practicidad, intereses, etc.

- ⤶ Los principios de rigor, realismo y participación.
- ⤶ El carácter eminentemente aplicativo de los aprendizajes.
- ⤶ La posibilidad de transferir los aprendizajes al puesto de trabajo.
- ⤶ Los recursos disponibles, incluido el tiempo.
- ⤶ Los factores relacionados con los participantes, como el estilo de aprendizaje, la edad, el tamaño del grupo, la motivación, etc.

Una vez escogido el método, se observa que ninguno es químicamente puro, sino que unos participan de otros. Por lo demás, todo método puede ser adecuado o inadecuado dependiendo del modo en que sea empleado.

Los formadores deben utilizar los métodos flexiblemente, de la forma que mejor se adapten al estilo de formación, a la materia y a los alumnos, complementando cada método con la técnica y recurso didáctico más acorde.

7. La selección y planificación de medios y recursos didácticos

Para realizar cualquier acción formativa, hace falta algo más que elegir y aplicar unos métodos y unas técnicas. Son necesarios los medios y recursos didácticos, que van a ayudar a desarrollar la metodología seleccionada en el aula. Los medios y recursos didácticos permiten el trasvase de información formador-alumno.

 **DEFINICIÓN**

Medios didácticos
Son materiales elaborados para facilitar los procesos de enseñanza-aprendizaje.

Recursos didácticos
Son soportes mediante los cuales se presentan los contenidos del curso a los alumnos.

A la hora de escoger el medio o recurso a utilizar, se deben tener en cuenta los siguientes criterios:

- ⮂ **Características de la materia o tema.** Dependiendo de la naturaleza de los contenidos, éstos pueden ser transmitidos por unos u otros métodos.
- ⮂ **Los objetivos del curso.** Toda selección de medios y estrategias de enseñanza deben realizarse en función de éstos.
- ⮂ **La disposición del aula y el número de alumnos.** Hay que tener cuidado, sobre todo en la visibilidad de alguno de los recursos, porque pueden perder eficacia.
- ⮂ **Tiempo disponible para la formación.** Este elemento tiene que estar siempre presente, porque, en función del tiempo que se tenga, se elegirá lo que se adapte mejor a las necesidades.
- ⮂ **Recursos disponibles,** ya que en algunas ocasiones están a nuestro alcance.
- ⮂ **El uso que se haga de ellos,** cuál es la finalidad, qué es lo que se pretende y en qué momento se van a utilizar.
- ⮂ **El nivel de conocimiento de los alumnos** sobre el tema.

Todos estos puntos se han de tener en cuenta a la hora de escoger un medio o recurso didáctico. La finalidad de éstos no es otra que la de fundamentar, apoyar y reforzar el acto formativo.

8. La planificación de la evaluación del proceso de enseñanza-aprendizaje

La aplicación de programas de formación lleva a la obtención de unos determinados resultados. Éstos serán los frutos de la formación y mostrarán el grado de eficacia y eficiencia con que se lleva a cabo la función formativa.

Los resultados indican el éxito de la formación mediante su contraste con los objetivos fijados anteriormente. Este procedimiento recibe el nombre de **evaluación,** proceso ampliamente conocido y con trascendencia reconocida para la formación. Según el proceso de evaluación aplicado, los resultados obtenidos serán reales y fiables, o bien, falseados.

Para que los resultados de la evaluación muestren con certeza el grado de éxito alcanzado con la formación, es necesario un requisito previo: el establecimiento de criterios de evaluación durante el proceso de planificación de la formación. Los criterios actúan como puntos de referencia, a partir de los cuales se valoran los resultados obtenidos.

Los criterios de evaluación han de fijarse con mucha atención, ya que determinan el proceso de evaluación, y éste juzga el grado de éxito de la función formativa.

El primer aspecto a tener en cuenta es la validez: los criterios de evaluación han de ser válidos en relación a los elementos del proceso formativo.

Los aspectos que determinan el grado de validez de los criterios de evaluación son:

- La relevancia.
- La no deficiencia.
- La no contaminación.
- Su fiabilidad.

El establecimiento de criterios válidos y fiables permitirá elaborar un proceso de evaluación de la formación que mida rigurosamente la eficacia y la eficiencia de la función formativa.

9. El seguimiento formativo

El seguimiento es un proceso continuo que sirve para evaluar la eficacia del uso de los recursos y para saber qué iniciativas se pueden emprender para mejorar el aprovechamiento de los recursos formativos.

El seguimiento, además de realizarse después de haber finalizado la planificación formativa, también se realiza antes de la acción.

9.1. Características

El seguimiento formativo permite evaluar los distintos componentes (desde los alumnos hasta todos los elementos que forman la programación) que intervienen en él durante todo el proceso de formación.

El seguimiento formativo se diferencia de la evaluación en que éste tiene que ver más con tareas organizativas, de coordinación, administrativas, etc.; sin embargo, la evaluación valora aspectos de los procesos de formación, como pueden ser la comunicación, el aprendizaje de los nuevos conocimientos, etc.

Con la realización adecuada de un seguimiento formativo:

➲ Se pueden **descubrir errores o desajustes** en el proceso de enseñanza-aprendizaje antes de que se realice la evaluación final para comprobarlos.
➲ Se pueden **corregir los errores** en el momento en el que se están produciendo.
➲ Además, **se detectan los aspectos positivos** que tienen lugar a lo largo de todo el proceso y las **posibles mejoras** que se pueden realizar.

El seguimiento formativo tiene que ser realizado por todas las personas que están implicadas en la realización de los cursos de formación (tutores, coordinadores, técnicos, etc.), por ello, el formador es una figura importante en el proceso de formación, ya que se encuentra implicado en él.

El proceso de formación debe estar planificado, pensado y planteado antes de que empiece la acción de formación, nunca debe llevarse a cabo de manera cerrada, sino que tiene que estar abierto a cualquier cambio que se considere necesario.

9.2. Finalidad

Son varias las finalidades que persigue el seguimiento formativo:

- Ayudar a comprender por qué ocurren algunas cosas y qué se puede hacer para intervenir en ese proceso que se está llevando a cabo.
- Identificar y solucionar los problemas que surgen a lo largo del proceso.
- Contribuir para elaborar planes de formación de manera objetiva, sin desviarse de la finalidad éste.
- Colaborar en la disminución y control del uso de los recursos materiales.
- Determinar el nivel que puede alcanzar el rendimiento y relacionarlo con el rendimiento actual.
- Diagnosticar y detectar problemas para llevar a cabo las acciones correctivas pertinentes.

9.3. Planificación

El seguimiento formativo debe planificarse antes y durante la acción formativa.

El objetivo de este seguimiento es comprobar la eficacia de la acción formativa antes de que ésta llegue a su fin, es decir, es necesario que durante este proceso todos los elementos que van a formar parte del aprendizaje estén planificados.

Los dos momentos que hay que tener en cuenta para planificar el seguimiento formativo son:

- **Antes de la acción formativa:** es necesario conocer las necesidades, el perfil del alumno, qué materiales, instrumentos, recursos, medios didácticos se van a usar.
- **Durante la acción formativa:** aquí el seguimiento se utiliza para comprobar los posibles errores y mejoras que se pueden llevar a cabo. Ofrece la posibilidad de poder modificar aquellas acciones o medios que dificultan el avance del aprendizaje.

10. Instrumentos para el seguimiento

A lo largo de un ciclo formativo pueden suceder errores y surgir problemas, esto abarca desde la identificación de necesidades hasta la planificación, el diseño, la implantación y la evaluación. Por todo esto, es importante saber cuál es la causa del problema y saber tomar las medidas oportunas para que no se origine nuevamente.

Para detectar el origen del problema, siempre se necesita una información determinada, ésta sólo se puede obtener mediante técnicas que ayuden a obtenerlas, es decir, que permitan recabar y analizar los datos obtenidos.

Para el seguimiento del proceso de enseñanza-aprendizaje, se pueden confeccionar diferentes tipos de instrumentos de evaluación, como pueden ser los cuestionarios y utilizar la observación directa, etc., si el tipo de formación lo permite (presencial o semipresencial). Estos instrumentos variarán según el tipo de datos que se quiera conseguir.

Un ejemplo de plantilla para recoger y analizar la información podría ser esta:

CURSO:		1º Módulo	2º Módulo	3º Módulo
Objetivos del módulo	Suficiente			
	Insuficiente			
	Adecuado			
	Inadecuado			
Contenidos del módulo	Suficiente			
	Insuficiente			
	Adecuado			
	Inadecuado			

Continúa en página siguiente >>

<< Viene de página anterior

CURSO:		1º Módulo	2º Módulo	3º Módulo
Metodología	Suficiente			
	Insuficiente			
	Adecuado			
	Inadecuado			
Actividades y recursos	Suficiente			
	Insuficiente			
	Adecuado			
	Inadecuado			
Recursos materiales	Suficiente			
	Insuficiente			
	Adecuado			
	Inadecuado			
Recursos humanos	Suficiente			
	Insuficiente			
	Adecuado			
	Inadecuado			
Proceso de evaluación	Suficiente			
	Insuficiente			
	Adecuado			
	Inadecuado			
Nivel de satisfacción del alumnado	Suficiente			
	Insuficiente			
	Adecuado			
	Inadecuado			

Para el seguimiento del aprendizaje, como la información que se obtiene es de diferente índole, se recogerá mediante la aplicación de las técnicas seleccionadas y elaboradas para la evaluación de cada uno de los aspectos planteados (observación directa de los trabajos, participación, cuestionarios acerca de la motivación y satisfacción del alumnado, etc.).

<< Viene de página anterior

Por ejemplo, los contenidos que se podrían incluir en la "parrilla" de análisis son los siguientes:

CURSO		1er Módulo	2º Módulo	3er Módulo
Conceptos (comprende los contenidos conceptuales)	Con facilidad			
	Con normalidad			
	Con dificultad			
Procedimientos (aplica y desarrolla los contenidos procedimentales)	Con facilidad			
	Con normalidad			
	Con dificultad			
Actitudes (manifiesta las actitudes adecuadas a los contenidos)	Con facilidad			
	Con normalidad			
	Con dificultad			
Motivación y participación	Con facilidad			
	Con normalidad			
	Con dificultad			
Satisfacción del alumno	Con facilidad			
	Con normalidad			
	Con dificultad			

Dos de las herramientas básicas son:

- **Los diagramas de flujo:** éstos sirven para desglosar en forma de componentes, para presentar una clara imagen de lo que ocurre.
- **Los checklists:** éstos son especialmente útiles para garantizar que se han realizado todas las acciones necesarias. Es otro método de ayuda orientado a los formadores y participantes para preparar, utilizar y solucionar los problemas del equipamiento.

Otros métodos de seguimiento y control que pueden ayudar en la formación son:

⮑ Las reuniones formales e informales.
⮑ Pasar un informe de las sesiones, cuestionarios de satisfacción o formularios de evaluación del curso.
⮑ Entrevistas de evaluación.

 **RECUERDE**

Algunos de los instrumentos de seguimiento más utilizados son:

• Cuestionario de satisfacción
• Cuestionario de motivación
• Observación directa
• Reuniones formales e informales
• Entrevistas de evaluación

11. Metodología de la evaluación del diseño de formación

Los métodos empleados en la evaluación siempre suelen son los mismos, independientemente de que se evalúen los objetivos, los contenidos, los recursos, etc. A pesar de esto, hay que tener en cuenta que no se deben utilizar todos los métodos que se van a nombrar, sino que todo dependerá de lo que se esté evaluando.

Los métodos más frecuentes son:

⮑ Observación sistemática.
⮑ Observación mediante observadores externos o internos del grupo.

- Análisis de trabajo.
- Entrevistas personales.
- Situaciones de simulaciones.
- Diálogos, debates.
- Cuestionarios específicos.
- Inventarios.
- Grabaciones en vídeo.
- Etc.

11.1. Evaluación de los objetivos

Cuando se diseña el programa formativo, se deben concretar los objetivos que serán objeto de evaluación al finalizar el curso, para comprobar si éstos se han alcanzado o no.

Los objetivos marcan aquellos aspectos claves que debe adquirir el alumno para alcanzar unas competencias determinadas. Éstos determinarán lo que el alumno será capaz de saber y saber hacer al acabar el curso, en unas condiciones dadas y con unos medios determinados.

Si, al finalizar el curso, se observa que los objetivos no se han cumplido en su totalidad, hay que analizar cuál ha sido la causa de este error y corregirlos. Si se han cumplido los objetivos, habrá que determinar los motivos de éxito, para volver a ponerlos en práctica en futuros cursos.

Los objetivos marcados al inicio de la formación sirven para:

- Dirigir la formación, es decir, saber hacia dónde se quiere llegar con ésta.
- Comprobar qué se ha logrado.
- Facilitar la evaluación, ya que se sabe cuáles son los objetivos que hay que evaluar.
- Reorientar la formación en el mismo momento que se está realizando.
- Elegir los métodos más adecuados para la formación.

La evaluación de los objetivos debe medirse atendiendo a:

- **Objetivos generales:** son utilizados para saber cuáles son las competencias generales.
- **Objetivos específicos:** parten de los objetivos generales.
- **Objetivos operativos:** son derivados de los específicos. Son objetivos más concretos y siempre deben estar relacionados con actividades u operaciones determinadas. Son los más fáciles de medir.

 **EJEMPLO**

Objetivos específicos para evaluar un curso de primeros auxilios:

- Aprender los conceptos básicos y generales de los primeros auxilios.
- Adquirir las habilidades y aplicar los principios de actuación para poder reaccionar adecuadamente en situaciones de urgencia.
- Conocer los aspectos jurídicos relacionados.

11.2. Evaluación de los contenidos

La evaluación de los contenidos se realizará para comprobar si los objetivos que se habían marcado al principio de la formación se han logrado, así como para eliminar aquellos contenidos que no aportan nada al curso.

Se debe tener siempre en cuenta que se puede lograr un mismo objetivo de formación utilizando diversos contenidos.

Para evaluar los contenidos, hay que comprobar si se ha seguido una secuencia lógica a la hora de impartirlos. Esta secuencia permite que los contenidos sean adquiridos por los alumnos de una manera más significativa, es decir, facilita el aprendizaje de los mismos.

Para que la evaluación de los contenidos resulte positiva, éstos deben ir expuestos:

- De acuerdo con los objetivos propuestos y con los plazos previstos para conseguirlos.
- De lo conocido a lo desconocido.
- De lo inmediato a lo remoto.
- De lo concreto a lo abstracto.
- De lo fácil a lo difícil.

Otro aspecto a tener en cuenta para que la evaluación de los contenidos sea positiva, es que éstos se deben estructurar adecuadamente, por ejemplo, mediante módulos, unidades didácticas, etc. Éstas tienen que abarcar los conocimientos, las habilidades y las actitudes que capacitan al alumno para poner en práctica las funciones que desempeñará en su puesto de trabajo. Por lo general, se pueden constituir equivalencias entre objetivos generales y cursos, objetivos específicos y módulos, unidades didácticas, etc. así como entre objetivos operativos y sesión formativa,.

EJEMPLO

Siguiendo el ejemplo anterior de primeros auxilios, los contenidos que se evaluarán para comprobar si se han logrado o no los objetivos anteriormente propuestos, son:

- Primeros auxilios: conceptos generales.
- Soporte vital básico (reanimación cardio-pulmonar)-adultos.
- Soporte vital básico-niños.
- Soporte vital instrumental.
- Traumatismos osteoarticulares. Inmovilizaciones (vendajes y férulas improvisadas).
- Movilización de urgencia y posiciones de espera.
- Traumatismos craneales y vertebro-medulares.
- Otras situaciones de emergencia.

11.3. Evaluación de la metodología

La evaluación de la metodología consiste en comprobar que los métodos que se han utilizado son los adecuados para lograr los objetivos formativos, aunque éstos deben ser flexibles a la hora de utilizarlos, ya que deben adaptarse a la materia tratada, a los alumnos, a los recursos disponibles, etc.

Para conseguir que la evaluación de la metodología sea positiva, se deben tener en cuenta las características que se emplean para definir un método. Éstas pueden ser:

- Presentar y mostrar la problemática del tema para que, a través de la reflexión y el esfuerzo, el alumno pueda resolverla.
- Respetar tanto la libertad de expresión como de creación.
- Las actividades que están destinadas al alumno tienen que ser dirigidas por el formador para que el alumno reflexione y participe.
- Motivar al alumno, relacionando los temas con sus intereses, motivaciones y necesidades.
- Organizar los nuevos aprendizajes para que se integren con los ya adquiridos.
- Tener en cuenta las limitaciones y las posibilidades que tiene cada alumno.
- Dar lugar a la acción individualizada a través de tareas que requieran planteamientos y acciones individualizadas.

11.4. Evaluación de actividades y recursos

Las **actividades** son unos elementos que acompañan a los contenidos formativos, ya que éstas refuerzan los contenidos que son expuestos por el formador. Siempre debe existir coordinación entre ambos, para esto se deben seleccionar adecuadamente tanto los métodos como las técnicas.

Para evaluar las diversas actividades que se han desarrollado, hay que formular una serie de preguntas para saber si las actividades han sido eficaces o han fallado en su ejecución. Algunas de estas preguntas pueden ser:

- ¿Qué ha hecho el alumno?
- ¿Ha sabido aplicar los conocimientos necesarios para lograr resolver las actividades?
- ¿Valora y comprende la finalidad de la actividad?
- ¿Ha mostrado interés en la realización de la misma?
- ¿Qué ha aprendido?
- ¿Han sido válidas las actividades?
- ¿Cuáles han fallado? ¿Por qué?
- ¿Se han alcanzado los objetivos?
- Etc.

Junto con las actividades, los recursos también tienen que ser evaluados, ya que de ellos va a depender en cierta manera la eficacia de las actividades. Por eso, en la evaluación de los recursos hay que tener en cuenta la eficacia de aquellos que se han utilizado y cuáles son los que se hubieran necesitado para desarrollar el curso.

Se pueden distinguir varios criterios para evaluar la eficacia de los recursos:

- Su calidad, porque actúa como mediador entre la realidad y la estructura cognitiva del alumno.
- El contexto metodológico, ya que todo va a depender de la metodología usada por el formador.
- Los propios alumnos, sus motivaciones, intereses, etc.
- La experiencia del formador en el manejo de los diversos recursos, sus habilidades, etc.

También es necesario tener en cuenta qué evaluar de los recursos:

- La rentabilidad de éstos.
- El aprovechamiento para distintas finalidades.
- El mantenimiento.
- La actualización, deben adaptarse a las nuevas tecnologías.
- La adecuación al proceso de enseñanza-aprendizaje.
- Posibilitar la acción, estimular y responder a las curiosidades presentes en el alumnado.

11.5. Evaluación del formador

La figura del formador es muy importante a lo largo de todo el proceso formativo, ya que, en cierta manera, el éxito o el fracaso de la formación recae sobre él, por lo tanto, es imprescindible conocer previamente a la persona que va a impartir un curso.

El formador es el mediador entre los contenidos y los alumnos, por lo que debe evaluarse de forma continua y a lo largo de todo el proceso de enseñanza-aprendizaje, así como al final del proceso, momento en que se comprobará si los métodos y estrategias que ha diseñado y utilizado han sido los adecuados, introduciendo posibles modificaciones para las prácticas futuras.

La evaluación del formador se puede realizar desde varias vertientes, en cada una de ellas se evalúan aspectos diferentes, pero todas persiguen el mismo fin, que es fomentar la calidad de la formación.

Evaluación realizada por los alumnos

Los alumnos pueden evaluar aspectos como la relación del formador con los alumnos, la organización de las sesiones, el control de clase, la efectividad de la enseñanza, etc.

En la siguiente tabla se muestra un cuestionario a modo de ejemplo:

Marque la opción que más se adecúe a las características que prevalecieron a lo largo del curso

1. Las oportunidades que tuve para realizar preguntas en clase fueron:
   a. Frecuentes
   b. Regulares
   c. Escasas
   d. Muy escasas

Continúa en página siguiente >>

<< Viene de página anterior

Marque la opción que más se adecúe a las características que prevalecieron a lo largo del curso

2. El interés que mostró el formador respecto a los alumnos fue:
   a. Satisfactorio
   b. Regular
   c. Poco
   d. Muy pobre

3. El clima existente en el aula fue:
   a. Bueno
   b. Regular
   c. Tenso
   d. Malo

4. En la prueba final se evaluaban los contenidos dados a lo largo del curso:
   a. Sí
   b. No

5. El material presentado en el curso fue:
   a. Original
   b. Poco original
   c. Nada original

6. Las actividades que realicé para asimilar los contenidos fueron:
   a. Útiles
   b. Regulares
   c. Pobres
   d. Inútiles

7. El contenido marcado para el curso se expuso en su totalidad:
   a. Sí
   b. No

8. El grupo de alumnos afectó a mi aprendizaje:
   a. De manera positiva
   b. De manera negativa
   c. No me afectó

9. El material audiovisual me pareció:
   a. Atractivo
   b. Regular
   c. Inadecuado

Continúa en página siguiente >>

<< Viene de página anterior

Marque la opción que más se adecúe a las características que prevalecieron a lo largo del curso

10. Los procesos, problemas y soluciones experimentados en el trabajo en
    grupo fueron:
    a. Bien planteados
    b. Regular planteados
    c. Mal planteados

11. Las exposiciones por parte del docente me parecieron:
    a. Buenas
    b. Regulares
    c. Malas

12. La actuación del profesor durante el curso evidenció:
    a. Un elevado conocimiento de la materia
    b. Un mediano conocimiento
    c. Un escaso conocimiento

13. El profesor supo controlar las conductas perturbadoras
    sucedidas a lo largo del curso de forma:
    a. Eficaz
    b. Regular
    c. Ineficaz

14. El ritmo que siguió el profesor al exponer los contenidos me pareció:
    a. Muy bueno
    b. Satisfactorio
    c. Monótono

15. La secuencia de presentación de los contenidos del curso fue:
    a. Lógica
    b. Regular
    c. Arbitraria

16. La actuación del profesor despertó interés y motivación:
    a. Muchas veces
    b. Algunas veces
    c. Pocas veces
    d. Ninguna vez

Evaluación realizada por el propio formador

En esta evaluación, el formador va a evaluar la preparación del curso, el desarrollo del mismo, y también realizará una evaluación propia de su actuación como formador.

En la siguiente tabla se muestra un cuestionario a modo de ejemplo:

Marque la opción que más se adecúe a las características que prevalecieron a lo largo del curso

A. PREPARACIÓN DEL CURSO

1. ¿Cómo ha sido el tiempo con el que ha contado?
    a. Suficiente
    b. Insuficiente

    ¿Por qué? _____

2. ¿Cómo considera la distribución de las sesiones del curso?
    a. Adecuadas
    b. Inadecuadas

    ¿Por qué? _____

3. ¿Ha dispuesto de las guías didácticas del curso?
    a. Sí
    b. No

    ¿Por qué? _____

4. ¿Ha dispuesto de los recursos necesarios para la preparación de sus sesiones?
    a. Sí
    b. No

    ¿Cuáles le han hecho falta? _____

5. Teniendo en cuenta su nivel de formación, ¿ha necesitado apoyo por parte de la dirección del curso?
    a. Sí
    b. No

    ¿Cómo ha sido el apoyo? _____

Continúa en página siguiente >>

<< Viene de página anterior

Marque la opción que más se adecúe a las características que prevalecieron a lo largo del curso

B. DESARROLLO DEL CURSO

6. ¿El desarrollo de las sesiones (distribución y tiempo) se ha correspondido con la planificación prevista?
   a. Sí
   b. No

7. ¿La metodología utilizada para el desarrollo de las sesiones ha propiciado la participación e implicación del alumnado?
   a. Sí
   b. No

   ¿Por qué? _____

8. ¿Considera que el clima del curso ha sido el adecuado?
   a. Sí
   b. No

   ¿Por qué? _____

9. ¿El contexto donde se ha desarrollado el curso ha sido adecuado y oportuno?
   a. Sí
   b. No

   ¿Por qué? _____

10. ¿Ha conseguido los objetivos propuestos?
    a. Sí
    b. No

    ¿Por qué? _____

C. AUTOEVALUACIÓN

11. Evalúe de 1 a 4 los siguientes apartados relacionados con su intervención como formador, donde:

    1. Considero imprescindible mejorar mi formación en este aspecto.
    2. Considero necesario mejorar mi formación en este aspecto.
    3. Cuento con recursos necesarios para el desarrollo ajustado del curso, pero podría encontrar dificultades si éste cambia el rumbo prefijado.
    4. Mi formación al respecto es adecuada y dispongo de recursos suficientes para el desarrollo óptimo del curso.

Continúa en página siguiente >>

<< Viene de página anterior

Marque la opción que más se adecúe a las características
que prevalecieron a lo largo del curso

	1	2	3	4
Dominio de los contenidos				
Metodología/didáctica empleada				
Comunicación con el alumnado				
Trabajo en equipo				

D. AMPLIACIÓN

Puede anotar a continuación cualquier aportación que desee realizar y no haya sido considerada en este cuestionario.

_____
_____
_____

11.6. Tipos de evaluación

Existen diferentes tipos de evaluación, cada una se aplicará atendiendo a diferentes criterios.

Según su finalidad o función de la evaluación

Diagnóstica

Esta evaluación, como su nombre indica, tiene un carácter diagnóstico, ya que permite que se conozcan las potencialidades del alumno. De esta manera, la actividad didáctica se dirige de forma más efectiva.

Formativa

Se utiliza como estrategia para mejorar y ajustar los procesos formativos en el momento que se están llevando a cabo, para alcanzar las metas y los objetivos marcados. La evaluación formativa es aplicable a la evaluación de procesos.

Sumativa

Se aplica a la evaluación de productos terminados, es decir, se sitúa concretamente cuando finaliza un proceso, cuando éste se considera acabado. Su propósito es determinar el grado en que se han conseguido los objetivos establecidos, para evaluar de forma positiva o negativa el resultado. Esta evaluación permite tomar medidas tanto a medio como a largo plazo.

Según el momento de aplicación de la evaluación

Inicial

Se produce al principio del proceso de enseñanza-aprendizaje. La función que tiene la evaluación inicial es identificar el nivel de conocimientos que tienen los alumnos que inician un curso y, de esta manera, comprobar si los alumnos cuentan con los conocimientos necesarios para comenzarlo, y determinar si es posible impartirlo de acuerdo al programa formativo o si se requiere alguna modificación.

Procesual

La evaluación procesual se basa en valorar, de forma continua, el aprendizaje de los alumnos y la enseñanza del profesor, a través de la recogida sistemática de datos, toma de decisiones, etc.

La evaluación procesual es totalmente formativa, ya que, al favorecer la recogida continua de datos, permite tomar decisiones en el mismo momento que se considere necesario.

Los resultados que se obtienen forman la base permanente para el formador a la hora de programar las actividades diarias, así como para establecer las actividades y los procedimientos más apropiados. De esta manera, se evitan las dificultades que se puedan producir en los aprendizajes que se están llevando a cabo. La finalidad de todo esto es evitar errores y vacíos en los aprendizajes posteriores.

_____

Final

La evaluación final es aquella que se realiza al finalizar la formación, por lo tanto ésta recoge y valora los resultados obtenidos a lo largo de un periodo formativo.

_____

Según su extensión

_____

Global

Tiene en cuenta todos los elementos y procesos que guardan relación con todo lo que es objeto de evaluación. Por ejemplo, si se trata de evaluar el proceso de aprendizaje de los alumnos, esta evaluación se centra en todas las áreas en general, pero sobre todo en los diversos tipos de contenidos de enseñanza (conceptos, procedimientos, valores, normas, etc.).

_____

Parcial

Esta evaluación no se realiza de manera global, sino que se lleva a cabo por partes, es decir, evalúa los componentes que más interesan.

Según los agentes que realizan la evaluación

Autoevaluación o evaluación interna

Es el proceso sistemático mediante el cual una persona o grupo examina y valora sus procedimientos, comportamientos y resultados, para identificar qué quiere corregir o modificar en él. La evaluación interna muestra que los alumnos están más motivados a la hora de realizar una tarea difícil. La puesta en práctica de la autoevaluación no conlleva que el profesorado abandone sus funciones, sino que implica una concepción diferente de la enseñanza.

La autoevaluación ofrece al estudiante ayuda para descubrir sus necesidades, cantidad y calidad de su aprendizaje, causas de sus problemas, dificultades y éxitos en el estudio. De esta manera, el alumno puede conocerse de manera más concreta.

Heteroevaluación o evaluación externa

La evaluación externa es realizada o llevada a cabo por otra persona que no es el protagonista del aprendizaje. En esta evaluación, lo más frecuente es que el profesor evalúe al alumno.

TIPOS DE EVALUACIÓN	
Según su finalidad o función	- Diagnóstica - Formativa - Sumativa
Según su momento de aplicación	- Inicial - Procesual - Final
Según su extensión	- Global - Parcial
Según los agentes que la realizan	- Autoevaluación o evaluación interna - Heteroevaluación o evaluación externa

Solucionarios de ejercicios de repaso y autoevaluación

Contenido

1. Realización de las operaciones previas al soldeo con electrodo
2. Prevención de riesgos laborales en trabajos de soldadura
3. Preparación previa al soldeo MIG/MAG y soldadura MAG de chapas y perfiles de acero al carbono
4. Soldadura MIG/MAG de chapas y estructuras de acero al carbono e inoxidable
5. Soldadura con alambre tubular
6. Realización de las operaciones postsoldeo con electrodo

Realización de las operaciones previas al soldeo con electrodo

Ejercicios de autoevaluación
Unidad de Aprendizaje 1

1. ¿Qué tipo de acero es conocido por su bajo contenido en carbono?

   a. Acero al carbono
   b. Acero dulce
   c. Acero inoxidable
   d. Acero aleado

2. Determina si la siguiente oración es verdadera o falsa: "Un símbolo de soldadura ANSI/AWS con un triángulo debajo de la línea de referencia indica una soldadura en el lado de la flecha".

   ■ **Verdadero**
   ■ Falso

3. ¿Cuál es el documento clave que detalla los parámetros críticos de soldadura y preparación para asegurar la calidad y seguridad de una unión?

   a. El plano de despiece
   b. La hoja de seguridad del material
   c. La especificación de procedimiento de soldadura (WPS)
   d. El certificado de calidad del consumible

4. ¿Cómo se designa la posición de soldadura "plana de rincón" en la norma UNE-EN ISO 6947?

   a. PB
   b. PE
   c. PG
   d. PA

5. Determina si la siguiente oración es verdadera o falsa: "El objetivo principal del punteado es realizar una soldadura final rápida y sin interrupciones".

   ■ Verdadero
   ■ **Falso**

6. **Para medir con precisión el diámetro interno de un tubo de 24 mm, ¿qué herramienta de metrología es la más adecuada?**

   a. Un flexómetro
   b. Un micrómetro
   c. Una regla graduada
   d. **Un calibre (pie de rey)**

7. **¿Qué equipo de posicionamiento permite girar una pieza grande sobre su propio eje, lo que facilita soldar siempre en posición plana?**

   a. Una grúa pluma
   b. Un polipasto
   c. **Un volteador**
   d. Una mesa de alineación

8. **Determina si la siguiente oración es verdadera o falsa: "En la metrología, la medición por comparación siempre arroja un valor numérico exacto".**

   ■ Verdadero
   ■ **Falso**

9. **¿Qué sistema de fijación se utiliza temporalmente en una unión a tope para evitar que el metal fundido caiga durante el pase de raíz?**

   a. Un sargento
   b. Una mordaza
   c. Un puente de control
   d. **Un respaldo**

10. **¿Qué documento se utiliza para estandarizar los pasos, herramientas y tolerancias en la preparación de piezas antes de soldar, garantizando la consistencia del proceso?**

    a. El plano de detalle
    b. El certificado de material
    c. La WPS
    d. **La hoja de proceso**

Ejercicios de autoevaluación
Unidad de Aprendizaje 2

1. ¿Qué método de corte térmico utiliza un chorro de gas a alta velocidad que ha sido ionizado para cortar metal?

   a. Oxicorte
   b. Corte por plasma
   c. Corte por láser
   d. Corte por chorro de agua

2. ¿Qué herramienta se utiliza comúnmente para refinar los bordes después de un corte y para realizar biselados mecánicos menores?

   a. Sierra circular
   b. Taladro
   c. Cizalla
   d. Amoladora angular (esmeriladora)

3. Determina si la siguiente oración es verdadera o falsa: "El oxicorte es un método de corte térmico adecuado para cortar aluminio".

   ■ Verdadero
   ■ **Falso**

4. ¿Cuál es el riesgo principal asociado con el uso de amoladoras si no se aplican las medidas de seguridad adecuadas?

   a. Inhalación de humos tóxicos
   b. Sobreesfuerzo muscular
   c. Proyección de partículas y lesiones por contacto
   d. Ruido excesivo

5. ¿Qué característica geométrica de un borde preparado se refiere a la separación entre las piezas antes de soldar, facilitando el pase de raíz?

   a. El ángulo del bisel
   b. El talón
   c. El radio
   d. La abertura de la raíz

6. Determina si la siguiente oración es verdadera o falsa: "Un chaflán en V es un tipo de preparación de borde para soldadura".

   ■ **Verdadero**
   ■ Falso

7. ¿Cuál es el propósito fundamental del "talón" o "cara de raíz" en una preparación de borde para soldar?

   a. Aumentar la velocidad de soldadura
   b. Disminuir el consumo de material de aporte
   c. Mejorar la apariencia del cordón final
   d. Asegurar un control óptimo de la penetración

8. ¿Qué equipo de corte térmico utiliza un haz de luz altamente concentrado para cortar materiales con una precisión excepcional?

   a. Oxicorte
   b. Cortadora por plasma
   c. Corte por láser
   d. Sierra de banda

9. Determina si la siguiente oración es verdadera o falsa: "Los cepillos de alambre se utilizan para realizar cortes térmicos precisos en chapas delgadas".

   ■ Verdadero
   ■ **Falso**

10. ¿Qué parámetro de la geometría del borde debe determinarse y configurarse correctamente según el tipo de soldadura y el espesor del material para asegurar la fusión adecuada?

    a. El tipo de gas de protección
    b. La velocidad de avance del soldador
    c. El color del material
    d. El ángulo y la profundidad del chaflán (o bisel)

Ejercicios de autoevaluación
Unidad de Aprendizaje 3

1. ¿Cómo se denomina la posición de soldadura donde el metal se deposita sobre cabeza?

   a. Posición plana (PA)
   b. Posición vertical (PF/PG)
   c. Posición bajo techo (PE)
   d. Posición horizontal (PB)

2. ¿Qué tipo de equipo de posicionamiento es ideal para soldar una pieza circular grande, permitiendo mantener el cordón en una posición cómoda y constante?

   a. Un elevador de tijera
   b. Un volteador simple
   c. Una mesa rotatoria
   d. Un posicionador giratorio y basculante

3. Determina si la siguiente oración es verdadera o falsa: "Un sargento es un ejemplo de sistema de fijación permanente en soldadura".

   ■ Verdadero
   ■ Falso

4. ¿Cuál es el propósito principal del punteado en una unión antes de la soldadura final?

   a. Precalentar la pieza para evitar grietas.
   b. Mantener la geometría de la unión y controlar la distorsión.
   c. Consumir el material de aporte sobrante.
   d. Preparar la superficie para la inspección visual.

5. Para verificar con precisión milimétrica la abertura de la raíz de una ranura, ¿qué herramienta de metrología usarías?

    a. Un flexómetro
    b. Un micrómetro
    c. Un goniómetro
    d. Una galga

6. Determina si la siguiente oración es verdadera o falsa: "La posición PE en la norma UNE-EN ISO 6947 se refiere a la soldadura vertical ascendente".

    ■ Verdadero
    ■ **Falso**

7. ¿Qué equipo es el más adecuado para levantar y transportar de forma segura una pieza de 1.500 kg dentro de un taller?

    a. Una carretilla de mano
    b. Un polipasto manual pequeño
    c. Un montacargas de baja capacidad
    d. Un puente grúa (o grúa pluma, según la capacidad y el alcance)

8. ¿Qué tipo de sistema de fijación se utiliza en el lado opuesto del pase de raíz en una unión a tope para asegurar la penetración completa y evitar el colapso del metal fundido?

    a. Un puente
    b. Un sargento
    c. Un apéndice temporal
    d. Un respaldo

9. Determina si la siguiente oración es verdadera o falsa: "La metrología en soldadura solo se encarga de medir el cordón final de la soldadura".

    ■ Verdadero
    ■ **Falso**

10. ¿Qué principio físico es clave para el funcionamiento de un nivel de manguera en la metrología?

     a. La expansión térmica de los líquidos.
     b. La ley de la gravedad sobre los sólidos.
     c. La capilaridad de los líquidos en tubos delgados.
     d. Los líquidos en vasos comunicantes alcanzan el mismo nivel horizontal.

Prevención de riesgos laborales en trabajos de soldadura

Ejercicios de autoevaluación
Unidad de Aprendizaje 1

1. La posibilidad de que un trabajador sufra un determinado daño derivado del trabajo es un...

   a. ... factor de riesgo.
   b. ... riesgo profesional.
   c. ... riesgo de accidente.
   d. ... riesgo de enfermedad.

2. ¿Cuál de las siguientes opciones puede ser considerada un factor de riesgo?

   a. Utilización de equipos de transporte.
   b. Las características del local de trabajo.
   c. Necesidad de trabajar en altura.
   d. Todas las opciones son correctas.

3. ¿En qué artículo de la Ley 31/1995 de Prevención de Riesgos Laborales aparece definido el concepto prevención?

   a. Artículo 2.
   b. Artículo 3.
   c. Artículo 4.
   d. Artículo 5.

4. Según la Ley de Prevención de Riesgos Laborales, los daños derivados del trabajo pueden ser:

   a. Enfermedades o lesiones.
   b. Enfermedades, patologías o lesiones.
   c. Patologías.
   d. Patologías o lesiones.

5. ¿En qué norma española aparece definido el concepto accidente de trabajo?

   a. Real Decreto 485/1997.
   b. Real Decreto 1215/1997.

c. **Real Decreto Legislativo 8/2015.**
d. Real Decreto Legislativo 258/2016.

6. ¿Cuál de las siguientes características tiene que darse para que una enfermedad sea considerada enfermedad profesional?

a. Si se ha contraído en ambientes laborales con altas temperaturas.
b. Si se ha contraído en ambientes laborales con bajas temperaturas.
c. Si se ha producido realizando un trabajo por cuenta propia.
d. **Si se ha producido realizando un trabajo por cuenta ajena.**

7. ¿Qué artículo de la Ley de Prevención de Riesgos Laborales es el referido a la formación de los trabajadores en prevención?

a. Artículo 7.
b. **Artículo 19.**
c. Artículo 24.
d. Artículo 35.

8. Un trabajador que ya no trabaja en una empresa, ¿puede solicitar los servicios de vigilancia de la salud a esta empresa?

a. Depende de la actividad económica de la empresa.
b. No, nunca.
c. Sí, siempre.
d. **Sí, en el caso de que sea necesario por los riesgos a los que estaba expuesto.**

9. ¿Cuál de las siguientes opciones son obligaciones de los trabajadores en materia de prevención de riesgos laborales?

a. Utilizar correctamente los medios y los equipos de protección.
b. No poner fuera de funcionamiento y utilizar correctamente los dispositivos de seguridad.
c. Cooperar con el empresario para que este pueda garantizar unas condiciones de trabajo que sean seguras.
d. **Todas las opciones son correctas.**

10. ¿Cuál es el real decreto por el que se establecen las disposiciones mínimas de seguridad y salud en los lugares de trabajo?

    a. Real Decreto 486/1997.
    b. Real Decreto 488/1997.
    c. Real Decreto 614/2001.
    d. Real Decreto 54/2003.

Ejercicios de autoevaluación
Unidad de Aprendizaje 2

1. **Según la introducción de la unidad, ¿qué se entiende por riesgos generales en el trabajo?**

   a. Únicamente los derivados de caídas en altura.
   b. Los que afectan solo a la salud mental de los trabajadores.
   c. **Peligros físicos, mecánicos, eléctricos, químicos, biológicos y ergonómicos.**
   d. Exclusivamente los riesgos eléctricos y químicos.

2. **Entre los riesgos asociados a las máquinas y los equipos se encuentran:**

   a. **Problemas ocasionados por ruido y vibraciones.**
   b. Exposición a radiaciones ultravioleta solares.
   c. Trastornos gastrointestinales.
   d. Desconexión social.

3. **En el proceso de soldadura, ¿qué riesgo eléctrico es frecuente?**

   a. Exposición a radiaciones ultravioleta.
   b. **Conexiones a tierra defectuosas.**
   c. Dolor lumbar por posturas forzadas.
   d. Quemaduras por metales fundidos.

4. **El riesgo de *flash* ocular en soldadura se debe principalmente a:**

   a. **La exposición a radiaciones ultravioletas.**
   b. Manipulación de piezas metálicas pesadas.
   c. Uso inadecuado de guantes ignífugos.
   d. Inhalación de humos metálicos.

5. **En el almacenamiento de cargas, ¿qué riesgo es típico de la manipulación manual?**

   a. **Lesiones lumbares por levantar pesos excesivos.**
   b. Explosiones por acumulación de gases.

c. *Flash* ocular por radiaciones UV.
d. Intoxicación por óxidos de nitrógeno.

6. **El ruido superior a 80 dB(A) durante una jornada de 8 horas puede provocar:**

a. Dolor lumbar.
b. Lesiones cutáneas.
c. **Sorderas profesionales (hipoacusias).**
d. Intoxicaciones químicas.

7. **¿Cuál de las siguientes es una vía de entrada de contaminantes químicos al cuerpo?**

a. **Vía respiratoria.**
b. Vía magnética.
c. Vía acústica.
d. Vía lumínica.

8. **El fuego en el ámbito laboral se origina por:**

a. **Combustible + comburente + fuente de ignición.**
b. Oxígeno + agua + calor.
c. Radiación solar directa.
d. Electricidad estática sin materiales combustibles.

9. **La fatiga física en el trabajo se caracteriza por:**

a. Exceso de motivación laboral.
b. **Cansancio extremo, disminución de fuerza y lentitud de movimientos.**
c. Irritabilidad y falta de concentración.
d. Falta de comunicación entre compañeros.

10. **La protección colectiva tiene prioridad sobre la individual porque:**

a. Requiere menos inversión económica.
b. **Protege a varios trabajadores a la vez.**
c. No necesita mantenimiento.
d. Sustituye completamente los EPI.

Ejercicios de autoevaluación
Unidad de Aprendizaje 3

1. **¿Cuál es la primera acción dentro del protocolo PAS en primeros auxilios?**

   a. Avisar a los servicios de emergencia.
   b. Evaluar el estado de consciencia.
   c. **Proteger al accidentado y al socorrista.**
   d. Socorrer al accidentado.

2. **En caso de que un herido respire, pero no esté consciente, ¿qué posición debe adoptarse?**

   a. Bocabajo para facilitar la respiración.
   b. Decúbito supino.
   c. **Posición lateral de seguridad.**
   d. Sentado con la cabeza inclinada.

3. **¿Qué tipo de testigo tiene formación y conocimientos para actuar eficazmente ante un accidente?**

   a. Testigo ocasional.
   b. Testigo ordinario.
   c. Testigo pasivo.
   d. **Testigo profesional.**

4. **¿Qué medida preventiva es más adecuada para evitar intoxicaciones por humos metálicos en soldadura?**

   a. Aplicar cremas protectoras antes de soldar.
   b. Usar calzado con suela antideslizante.
   c. Utilizar gafas de protección solar.
   d. **Ventilación adecuada y uso de mascarillas con filtro.**

5. **¿Qué se debe hacer si un accidentado no presenta respiración ni pulso?**

   a. Administrar medicamentos hasta que llegue ayuda.
   b. Darle de beber agua para reanimarlo.

    c. Esperar a que recupere la consciencia por sí solo.

    d. Realizar RCP con respiración boca a boca y masaje cardíaco.

6. ¿Qué acción es prioritaria antes de atender una hemorragia grave?

    a. Buscar una camilla.

    b. Comprobar que el entorno sea seguro para el socorrista.

    c. Esperar la llegada de los bomberos.

    d. Trasladar al herido a su casa.

7. ¿Cuál es la actuación correcta en caso de incendio con una persona electrocutada cercana?

    a. Administrar respiración boca a boca inmediatamente.

    b. Cortar la corriente y usar un objeto aislante.

    c. Mojar al accidentado para apagar el fuego.

    d. Tocar directamente al herido para separarlo.

8. ¿Cuál es la posición correcta para realizar el masaje cardíaco externo?

    a. Con el accidentado en decúbito supino sobre una superficie firme.

    b. Con el accidentado en posición lateral de seguridad.

    c. De pie, sujetando al herido por la espalda.

    d. Sentado, con la cabeza inclinada hacia el pecho.

9. ¿Qué documento recoge los medios técnicos, organizativos y procedimientos ante una emergencia?

    a. Contrato de prevención.

    b. Manual de calidad.

    c. Parte de trabajo.

    d. Plan de emergencia y evacuación.

10. ¿Qué debe hacerse al activar el sistema de emergencia en un accidente?

    a. Apagar la maquinaria y evacuar.
    b. Esperar instrucciones del jefe de planta.
    c. Proteger, avisar y socorrer.
    d. Sacar al herido por la vía más rápida.

Ejercicios de autoevaluación
Unidad de Aprendizaje 4

1. ¿Cuál es la principal consecuencia de la manipulación manual inadecuada de cargas en soldadura?

   a. Lesiones respiratorias.
   b. **Lesiones musculoesqueléticas.**
   c. Quemaduras térmicas.
   d. Intoxicaciones químicas.

2. El uso de ropa ignífuga en soldadura está destinado principalmente a prevenir:

   a. Lesiones por inhalación de gases.
   b. Contactos eléctricos.
   c. **Quemaduras en la piel.**
   d. Lesiones musculares.

3. ¿Qué tipo de radiación emitida durante la soldadura es especialmente peligrosa para los ojos?

   a. Radiación infrarroja.
   b. **Radiación ultravioleta.**
   c. Radiación microondas.
   d. Radiación láser.

4. Una de las causas principales de incendio en soldadura es:

   a. Acumulación de polvo metálico.
   b. **Sobrecarga de instalaciones eléctricas.**
   c. Falta de hidratación.
   d. Deficiencias ergonómicas.

5. ¿Qué dispositivo de seguridad evita los retrocesos de llama en la soldadura oxiacetilénica?

   a. Filtro de aire.
   b. **Apagallamas.**

c. Extractor de humos.
d. Regulador de presión.

6. **¿Cuál es el riesgo principal de soldar en un espacio confinado sin ventilación?**

   a. Fatiga muscular.
   b. **Acumulación de humos y gases tóxicos.**
   c. Estrés térmico leve.
   d. Interferencias eléctricas.

7. **La instalación de sistemas de puesta a tierra en soldadura busca prevenir:**

   a. Lesiones por radiación.
   b. Quemaduras químicas.
   c. **Descargas eléctricas.**
   d. Estrés térmico.

8. **¿Qué elemento ayuda a detectar atmósferas explosivas antes de soldar en espacios confinados?**

   a. **Detector portátil de gases.**
   b. Pantalla de soldador.
   c. Extractor de humos.
   d. Carro portabotellas.

9. **¿Qué efecto puede tener la inhalación crónica de humos de soldadura?**

   a. **Enfermedades respiratorias.**
   b. Estrés térmico.
   c. Dolores lumbares.
   d. Mareos por calor.

10. ¿Qué documento establece las medidas que hay que seguir para controlar incendios y explosiones?

    a. Plan de emergencias.
    b. Manual de calidad.
    c. Registro de mantenimiento.
    d. Guía de producción.

Preparación previa al soldeo MIG/MAG y soldadura MAG de chapas y perfiles de acero al carbono

Ejercicios de autoevaluación
Unidad de Aprendizaje 1

1. ¿Qué gases se utilizan en el proceso de soldeo MIG?

Gases inertes como el argón o el helio.

2. Completa la siguiente oración:

En el proceso MAG, el gas de protección es de tipo **activo.**

3. ¿Cuál es la función principal del hilo electrodo?

    a. Refrigerar la pistola.
    b. Aportar gas al baño de fusión.
    c. Actuar como material de aporte y conducir la corriente eléctrica.
    d. Regular la tensión del arco.

4. Determina si la siguiente oración es verdadera o falsa: "El proceso MIG/MAG permite mecanización y automatización".

    ■ **Verdadero**
    ■ Falso

5. Relaciona los elementos con su función:

    a. Pistola.
    b. Fuente de energía.
    c. Hilo electrodo.

    b. Proporciona la energía eléctrica necesaria.
    a. Aplica la corriente y el gas sobre la pieza.
    c. Conduce la corriente y aporta el metal.

6. **¿Qué norma europea clasifica los procesos de soldeo como 131 y 135?**

   La norma EN ISO 4063.

7. **¿Qué información incluye una especificación pWPS?**

   Tipo de unión, tipo de soldadura, material de aporte, parámetros de soldeo, etc.

8. **Completa la siguiente oración:**

   El símbolo de soldeo se compone de una línea de referencia y una **línea de flecha.**

9. **¿Para qué se usan los planos de detalle en soldadura?**

   Para representar dimensiones y secuencias del cordón.

10. **Determina si la siguiente oración es verdadera o falsa: "El proceso MIG se utiliza principalmente para soldar aluminio y aceros inoxidables".**

    - **Verdadero**
    - Falso

Ejercicios de autoevaluación
Unidad de Aprendizaje 2

1. **¿Qué tipo de corriente se utiliza exclusivamente en los procesos MIG/MAG?**

   Corriente continua (CC), principalmente con polaridad directa.

2. **Completa la siguiente oración:**

   En los equipos MIG/MAG, se emplea una fuente de tensión **constante,** lo que permite mantener estable el voltaje mientras varía la intensidad.

3. **¿Qué ocurre si se invierte la polaridad en un proceso MIG/MAG (electrodo negativo, pieza positiva)?**

   a. Se logra una mayor penetración y un arco más estable.
   b. **Se reduce la fusión del hilo y se produce un arco inestable.**
   c. Se mejora la transferencia por espray.
   d. No hay efecto apreciable en la soldadura.

4. **Determina si la siguiente oración es verdadera o falsa: "Los hilos macizos requieren menos precisión en los ajustes de intensidad y voltaje que los tubulares".**

   ■ Verdadero
   ■ **Falso**

5. **Relaciona los elementos internos del equipo con su función principal:**

   a. Transformador
   b. Rectificador
   c. Inductancia

   c. Suaviza la corriente de salida para mejorar la estabilidad del arco.
   b. Convierte la corriente alterna en continua.
   a. Adapta la tensión de red al nivel necesario para soldar.

6. ¿Qué sucede si se utiliza un hilo de mayor diámetro (por ejemplo, 1,2 mm) en lugar de 0,8 mm sin ajustar la intensidad de corriente?

El hilo no se fundirá correctamente, generando inestabilidad y posible falta de fusión.

7. ¿Cuál es la función principal del efecto de autorregulación en los equipos MIG/MAG con fuente de voltaje constante?

Mantener estable el arco ajustando automáticamente la intensidad ante cambios en la distancia del hilo.

8. Determina si la siguiente oración es verdadera o falsa: "En MIG/MAG, la corriente alterna se emplea para evitar el sobrecalentamiento del hilo".

■ Verdadero
■ **Falso**

9. Completa la siguiente oración:

La curva característica de una fuente de voltaje constante es prácticamente **horizontal,** lo que permite mantener la tensión constante incluso con pequeñas variaciones en la intensidad.

10. ¿Qué tipo de transferencia metálica se favorece con el uso de corriente continua con polaridad directa y parámetros adecuados en MIG/MAG?

Transferencia por cortocircuito o por espray, según la configuración.

Ejercicios de autoevaluación
Unidad de Aprendizaje 3

1. **¿Qué parámetro permite conocer cuánto tiempo puede funcionar un equipo de soldeo a una determinada intensidad sin superar su límite térmico?**

   El factor de marcha.

2. **Determina si la siguiente oración es verdadera o falsa: "El contactor principal es el componente encargado de transformar la corriente alterna en corriente continua".**

   ■ Verdadero
   ■ **Falso**

3. **¿Cuál de los siguientes componentes transfiere la corriente al hilo en el extremo de la antorcha?**

   a. Rodillos impulsores.
   b. Guía de salida.
   c. **Tubo de contacto.**
   d. Electrodo base.

4. **Completa la siguiente oración:**

   La **devanadora** es el componente donde se aloja la bobina de hilo y que suele incluir los mandos de control de velocidad de alimentación.

5. **¿Qué tipo de corriente de soldeo emplean los equipos MIG/MAG?**

   Corriente continua (CC).

6. **Relaciona cada elemento con su función en el sistema de alimentación:**

   a. Rodillos impulsores.
   b. Guía de salida.
   c. Tubo de contacto.

   b. Conduce el hilo desde los rodillos hasta la pistola.
   a. Arrastra el hilo desde la bobina hacia la antorcha.
   c. Transmite la corriente al hilo para formar el arco.

7. **Relaciona cada elemento con su función:**

   a. Inductancia
   b. Contactor
   c. Electroválvula

   c. Controla el paso de gas de protección
   a. Permite suavizar la salida de corriente
   b. Activa el circuito principal de soldadura

8. **Determina si la siguiente oración es verdadera o falsa: "La longitud libre del hilo es la distancia entre la bobina y el contacto de la pinza de masa".**

   ■ Verdadero
   ■ **Falso**

9. **¿Qué ocurre si los rodillos impulsores ejercen una presión demasiado baja sobre el hilo?**

   Se produce una alimentación defectuosa con velocidad irregular del hilo.

10. **¿Qué característica tiene una curva de tensión constante típica de las fuentes de soldeo MIG/MAG?**

    a. Aumenta la tensión cuando aumenta la intensidad.
    b. **Mantiene la tensión fija, aunque varíe la intensidad.**
    c. Aumenta la corriente cuando disminuye el voltaje.
    d. Mantiene el voltaje solo en corriente alterna.

Ejercicios de autoevaluación
Unidad de Aprendizaje 4

1. ¿Qué instrumento se utiliza para medir la tensión de salida en un equipo de soldeo?

   Voltímetro

2. Determina si la siguiente oración es verdadera o falsa: "Los fusibles en los equipos de soldeo sirven únicamente para regular la tensión de salida".

   ■ Verdadero
   ■ **Falso**

3. ¿Cuál de los siguientes componentes se encarga de fijar el cable de masa a la pieza de trabajo?

   a. Pinza portaelectrodo.
   b. **Pinza de masa.**
   c. Pistola de soldadura.
   d. Rodillos impulsores.

4. **Completa la siguiente oración:**

   La **boquilla de la pistola** debe limpiarse periódicamente para evitar obstrucciones en el flujo de gas protector.

5. **¿Cuál es la función principal del sistema de ventilación en un equipo de soldeo?**

   Evitar el sobrecalentamiento mediante la refrigeración interna.

6. Relaciona cada elemento con su función de mantenimiento:

    a. Pistola de soldadura.
    b. Cables de conexión.
    c. Rodillos de arrastre.

    b. Revisar el aislamiento y las conexiones.
    a. Limpiar y comprobar el estado de la boquilla y el tubo de contacto.
    c. Limpiar las ranuras y ajustar la presión de apriete.

7. Determina si la siguiente oración es verdadera o falsa: "Un cable de masa deteriorado puede provocar inestabilidad en el arco y defectos en el cordón de soldadura".

    ■ **Verdadero**
    ■ Falso

8. ¿Qué se debe hacer antes de sustituir un fusible quemado en el equipo de soldeo?

Desconectar el equipo y verificar la causa de la avería.

9. ¿Qué elemento del sistema de alimentación guía el hilo desde la bobina hasta la entrada de la pistola?

    a. Tubo de contacto.
    b. **Guía de entrada.**
    c. Rodillos impulsores.
    d. Electroválvula.

10. ¿Por qué es importante limpiar periódicamente el sistema de ventilación del equipo?

Para evitar la acumulación de polvo y garantizar una refrigeración eficiente.

Ejercicios de autoevaluación
Unidad de Aprendizaje 5

1. Indica si la siguiente afirmación es verdadera o falsa: "Los hilos tubulares para acero inoxidable deben almacenarse en lugares secos, alejados de fuentes de calor y humedad".

   - ■ **Verdadero**
   - ■ Falso

2. ¿Cuál es una de las principales precauciones específicas al manipular bobinas de hilo tubular?

   a. Transportarlas sin protección para evitar daños en la envoltura.
   b. **Mantenerlas en posición horizontal y protegerlas del polvo.**
   c. Exponerlas al sol para eliminar la humedad.
   d. Guardarlas junto a productos químicos.

3. Completa la siguiente oración:

   El embalaje original del hilo tubular debe mantenerse intacto hasta su uso para **preservar** sus condiciones de fabricación y evitar la **contaminación.**

4. Indica si la siguiente afirmación es verdadera o falsa: "Los hilos tubulares pueden almacenarse en exteriores siempre que estén cubiertos con una lona".

   - ■ Verdadero
   - ■ **Falso**

5. Selecciona la opción correcta. Una consecuencia de un almacenamiento inadecuado de los hilos tubulares es:

   a. Mayor facilidad para el cebado del arco.
   b. **Incremento de salpicaduras y defectos en el cordón.**
   c. Mayor rendimiento de deposición.
   d. Mejora en la estabilidad del arco.

6. **Relaciona cada acción con su objetivo:**

   a. Mantener el hilo en su embalaje original.
   b. Proteger el hilo de la humedad.
   c. Evitar golpes y caídas durante el transporte.

   b. Prevenir la oxidación o la corrosión.
   c. Evitar deformaciones y daños en la bobina.
   a. Mantener sus características originales.

7. **Indica si la siguiente afirmación es verdadera o falsa: "El contacto del hilo tubular con aceites o grasas no afecta a la calidad de la soldadura".**

   ■ Verdadero
   ■ **Falso**

8. **¿Cuál de las siguientes prácticas es adecuada para el transporte de hilos tubulares?**

   a. Llevar varias bobinas apiladas sin sujeción.
   b. **Usar embalajes resistentes y fijar las bobinas para evitar movimientos.**
   c. Transportarlas sueltas en el maletero del vehículo.
   d. Exponerlas a la intemperie para ahorrar espacio.

9. **¿Qué problema puede generar la entrada de humedad en el interior del hilo tubular?**

   Puede provocar porosidad y defectos internos en la soldadura.

10. **Completa la siguiente oración:**

   Antes de instalar un hilo tubular en la máquina de soldar, es recomendable verificar que no presenta **daños** visibles ni signos de **corrosión.**

Ejercicios de autoevaluación
Unidad de Aprendizaje 6

1. Determina si la siguiente oración es verdadera o falsa: "La correcta preparación de las juntas en chapas de acero al carbono es fundamental para garantizar la calidad de la soldadura".

   ■ **Verdadero**
   ■ Falso

2. ¿Qué forma de junta se emplea habitualmente en chapas delgadas que no superan los 5 mm de espesor?

   Unión a tope sin biselar.

3. La transferencia metálica por cortocircuito se recomienda en:

   a. Chapas de gran espesor en posición plana.
   b. Chapas finas y posiciones forzadas.
   c. Aplicaciones críticas con alta exigencia de penetración.
   d. Chapas finas y posiciones forzadas.

4. Completa la siguiente oración:

   La transferencia por **globular** genera gotas de mayor tamaño que el diámetro del hilo y produce un arco inestable con abundantes proyecciones.

5. Indica dos parámetros que influyen directamente en la estabilidad del arco durante el soldeo MAG de chapas.

   Intensidad de corriente y tensión de arco.

6. El diámetro de hilo más adecuado para soldar chapas finas de acero al carbono es:

   a. 1,6 mm.
   b. 0,8 mm.
   c. 1,2 mm.
   d. 0,8 mm.

7. **¿Qué consecuencias puede tener una distancia pistola–pieza excesiva durante el soldeo de chapas?**

Arco demasiado largo, cordón irregular, falta de penetración y aumento de proyecciones.

8. **Relaciona cada posición de soldeo con su denominación:**

   a. Posición plana
   b. Posición horizontal
   c. Posición vertical
   d. Posición sobrecabeza

   b. PB/2G – 2F.
   a. PA/1G – 1F.
   c. PC/3G – 3F.
   d. PE/4G – 4F.

9. **Antes del soldeo de chapas, ¿qué tratamientos presoldeo se deben aplicar?**

Limpieza de superficies, eliminación de humedad, precalentamiento (cuando es necesario), ajuste geométrico y punteado.

10. **Explica brevemente la función del cordón de peinado en la soldadura de chapas.**

Cierra la unión, asegura la continuidad estructural y da el acabado superficial al cordón, evitando socavados y mejorando la resistencia a la fatiga.

Ejercicios de autoevaluación
Unidad de Aprendizaje 7

1. Determina si la siguiente oración es verdadera o falsa: "La transferencia por pulverización (espray) permite obtener soldaduras de gran penetración y buena calidad superficial".

   ■ **Verdadero**
   ■ Falso

2. El tipo de transferencia más adecuado para soldar perfiles de gran espesor con alta velocidad de ejecución es:

   a. Cortocircuito.
   b. Globular.
   c. **Pulverización o espray.**
   d. Pulsada.

3. Completa la siguiente oración:

   La inclinación de la pistola en el proceso MAG se define por dos ángulos: **el ángulo de trabajo y el ángulo de desplazamiento.**

4. ¿Qué diferencia principal existe entre el cordón de penetración y el cordón de relleno en una soldadura MAG?

   El cordón de penetración es el primer cordón que se aplica, destinado a fundir el fondo del material base y garantizar la penetración completa sin defectos.

   En cambio, el cordón de relleno se aplica después del de penetración para aumentar la resistencia de la unión y rellenar el chaflán hasta completar el espesor del material.

5. En una junta a tope horizontal, el ángulo de desplazamiento recomendado de la pistola es de:

   a. 30–40°
   b. 45°

    c. **60-70°**
    d. 90°

6. **Completa la siguiente oración:**

Durante el proceso de soldadura, la distancia media entre la boquilla y la pieza debe mantenerse entre **7** y **40** mm para obtener un cordón estable y con buena penetración.

7. **Relaciona cada parámetro con su efecto principal:**

    a. Intensidad de corriente.
    b. Caudal de gas.
    c. Tensión de arco.

    b. Controla la protección del baño de fusión.
    a. Aumenta o reduce la penetración del cordón.
    c. Modifica la anchura del cordón de soldadura.

8. **Completa siguiente oración:**

El tratamiento presoldeo consiste en calentar la pieza antes de soldar para reducir la **velocidad** de enfriamiento y evitar la aparición de **grietas o distorsiones.**

9. **El símbolo de soldadura colocado sobre la línea continua en un plano indica que:**

    a. La soldadura se realiza en el lado opuesto al que apunta la flecha.
    b. La soldadura se realiza en el lado que señala la flecha.
    c. La soldadura es en ambas caras de la unión.
    d. La soldadura es de penetración parcial.

10. **En una soldadura, ¿qué puede ocurrir si el caudal de gas protector es insuficiente?**

Si el caudal es insuficiente, el arco se vuelve inestable y pueden aparecer porosidades, inclusiones o falta de fusión en el cordón de soldadura.

Ejercicios de autoevaluación
Unidad de Aprendizaje 8

1. Determina si la siguiente oración es verdadera o falsa: "Los defectos geométricos en los cordones de soldadura pueden afectar tanto a la estética como a la resistencia mecánica de la union".

   ■ **Verdadero**
   ■ Falso

2. Una de las causas más comunes de porosidad en el proceso MAG es:

   a. Exceso de caudal de gas.
   b. **Hilo húmedo o contaminado.**
   c. Alta velocidad de avance.
   d. Temperatura del gas.

3. Completa la siguiente oración:

   El socavado o mordedura se produce cuando el arco funde en exceso los bordes de la pieza, generando una **depresión longitudinal** junto al cordón.

4. Relaciona cada defecto con su causa principal:

   a. Falta de penetración.
   b. Concavidad en la raíz.
   c. Falta de simetría.

   c. Ángulo de avance incorrecto.
   a. Intensidad insuficiente.
   b. Exceso de velocidad.

5. Completa la frase:

   Para evitar la porosidad, es fundamental mantener la superficie **limpia y seca,** usar gas protector **seco y estable** y conservar el hilo en un lugar sin humeda **lugar sin humedad.**

6. **¿Qué ensayo no destructivo se emplea para detectar grietas abiertas en la superficie de una soldadura?**

   a. Radiografía industrial.
   b. Ultrasonidos.
   c. **Líquidos penetrantes.**
   d. Ensayo de tracción.

7. **Determina si la siguiente oración es verdadera o falsa: "Los ensayos destructivos son preferibles cuando se necesita conservar la pieza en servicio".**

   - Verdadero
   - **Falso**

8. **Completa la frase:**

   El ensayo de tracción permite conocer la **resistencia mecánica** de la soldadura al ser sometida a una **fuerza de estiramiento.**

9. **El ensayo por ultrasonidos (UT) se utiliza principalmente para:**

   a. Medir el caudal de gas.
   b. **Detectar defectos internos sin dañar la pieza.**
   c. Evaluar la dureza de la superficie.
   d. Medir el espesor del recubrimiento.

10. **¿Por qué es importante realizar una inspección visual antes, durante y después del soldeo?**

    Porque permite detectar imperfecciones tempranas, corregir parámetros a tiempo y verificar que el cordón final cumple los criterios de calidad establecidos.

Soldadura MIG/MAG de chapas y estructuras de acero al carbono e inoxidable

Ejercicios de autoevaluación
Unidad de Aprendizaje 1

1. **¿Qué tipo de corriente se emplea exclusivamente en la soldadura MAG?**

   Corriente continua

2. **Completa la siguiente oración.**

   En la soldadura MAG, la protección del arco y del baño de fusión se realiza mediante **un gas activo o mezcla de gases.**

3. **¿Cuál de las siguientes opciones es un componente del equipo de soldadura MAG?**

   a. Compresor de aire
   b. Regulador de gas
   c. Transformador de frecuencia
   d. Todas las opciones son incorrectas.

4. **Determina si la siguiente oración es verdadera o falsa: "En la soldadura MAG, una mayor tensión de arco genera mayor penetración".**

   ■ Verdadero
   ■ **Falso**

5. **Relaciona los conceptos con su definición.**

   a. Pistola de soldadura
   b. Fuente de energía
   c. Hilo electrodo

   a. Conduce la corriente y suministra el hilo
   c. Material de aporte en forma continua
   b. Proporciona la energía necesaria

6. ¿Qué puede provocar un caudal excesivo de gas de protección?

Turbulencias que introducen aire en la zona de soldadura.

7. Completa la siguiente oración.

El ángulo de desplazamiento en una soldadura horizontal a tope suele estar entre **20°** y **25°**.

8. ¿Cuál es el efecto de utilizar un hilo de mayor diámetro en el proceso de soldadura MAG?

Requiere mayor intensidad de corriente para lograr la fusión.

9. Determina si la siguiente oración es verdadera o falsa: "La limpieza de las superficies antes de soldar es un paso prescindible si se usa hilo tubular".

- ■ Verdadero
- ■ **Falso**

10. ¿Cuál de los siguientes factores influye directamente en la longitud del arco?

- a. Tipo de gas
- b. **Tensión de arco**
- c. Posición de soldadura
- d. Todas las opciones son incorrectas.

Ejercicios de autoevaluación
Unidad de Aprendizaje 2

1. **Nombra cuatro tipos de defectos dimensionales que puede presentar un cordón de soldadura MAG en tuberías.**

   Sobreespesor, concavidad en la raíz y penetración incompleta.

2. **Completa la siguiente oración.**

   La porosidad en la soldadura MAG suele deberse a una combinación de **contaminación superficial,** gas de protección inadecuado y **mala** técnica.

3. **¿Cuál de las siguientes opciones es un ensayo no destructivo utilizado para detectar defectos internos?**

   a. Radiografía industrial
   b. Ensayo de impacto
   c. Ensayo de tracción
   d. Todas las opciones son correctas.

4. **Determina si la siguiente oración es verdadera o falsa: "Las inclusiones internas solo pueden detectarse visualmente".**

   ■ Verdadero
   ■ **Falso**

5. **Relaciona las discontinuidades dimensionales del cordón de soldadura con su concepto correcto:**

   a. Socavado
   b. Desalineamiento
   c. Traslape

   a. Metal fundido que rebosa sin fusionarse
   b. Surco en el borde del cordón
   c. Diferencia de nivel entre piezas

6. ¿Qué puede provocar una velocidad excesiva en la alimentación del hilo?

Atrapar gases en el metal fundido y generar porosidad.

7. Completa la siguiente oración.

El ensayo de líquidos **penetrantes** permite detectar grietas abiertas en superficie mediante líquidos **reveladores.**

8. ¿Cuál es el efecto de soldar una tubería con viento sin protección?

El gas de protección se dispersa y se generan poros o falta de fusión.

9. Determina si la siguiente oración es verdadera o falsa: "El uso de una técnica incorrecta de pistola puede generar falta de simetría en el cordón".

- ■ **Verdadero**
- ■ Falso

10. ¿Qué factor influye directamente en la aparición de proyecciones?

- a. Tipo de gas
- b. Mala limpieza de la pieza
- c. **Parámetros eléctricos mal ajustados**
- d. Todas las opciones son correctas.

Ejercicios de autoevaluación
Unidad de Aprendizaje 3

1. **¿Cuál es la polaridad recomendada para el soldeo MIG de acero inoxidable?**

   Corriente continua con electrodo positivo (DCEP).

2. **En el proceso MIG, la transferencia metálica por espray, ¿qué requiere?**

   Una alta intensidad de corriente y gas protector inerte puro o con bajo porcentaje de CO_2.

3. **¿Cuál de los siguientes gases es más adecuado para la protección en soldadura MIG de acero inoxidable?**

   a. Argón con 25 % de CO_2
   b. Argón puro
   c. Oxígeno puro
   d. Nitrógeno

4. **Determina si la siguiente oración es verdadera o falsa: "En el proceso MIG, un aumento en la longitud libre del hilo produce mayor intensidad de corriente".**

   ■ Verdadero
   ■ **Falso**

5. **Relaciona los conceptos de la columna A con su definición en la columna B:**

   a. Caudalímetro
   b. Hilo ER316L
   c. Gas de respaldo

   a. Controla el flujo del gas protector
   c. Protege la raíz del cordón de la atmósfera
   b. Material de aporte compatible con aceros tipo 316

6. **¿Qué consecuencias puede tener una velocidad de alimentación del hilo demasiado alta en soldadura MIG de acero inoxidable?**

Exceso de aporte sin tiempo suficiente para fundirse, riesgo de proyecciones y sobrecalentamiento.

7. **Completa la siguiente oración.**

El ángulo de inclinación de la pistola en una soldadura a tope suele estar entre **10** y **15** grados respecto al avance.

8. **¿Cuál es el efecto de utilizar un hilo de menor diámetro en el proceso MIG?**

Se funde más rápidamente, permite menor aporte térmico y mayor control del baño.

9. **Determina si la siguiente oración es verdadera o falsa: "El modo de transferencia globular es el más recomendable para acero inoxidable".**

■ Verdadero
■ **Falso**

10. **¿Cuál de los siguientes factores influye directamente en la elección del diámetro del hilo?**

a. Posición de soldadura
b. Espesor del material base
c. Tipo de gas protector
d. **Todas las opciones son correctas.**

Ejercicios de autoevaluación
Unidad de Aprendizaje 4

1. ¿Cuál de los siguientes no es un defecto dimensional del cordón de soldadura?

   a. Falta de fusión
   b. Sobreespesor
   c. Concavidad en la raíz
   d. Desalineación

2. Determina si la siguiente oración es verdadera o falsa: "La oxidación superficial en acero inoxidable puede deberse a un caudal de gas de protección insuficiente".

   ■ **Verdadero**
   ■ Falso

3. Completa la siguiente oración.

   La inspección **visual** es la primera técnica que debe aplicarse para detectar defectos visibles.

4. Relaciona los defectos con su posible causa principal:

   a. Falta de material
   b. Garganta insuficiente
   c. Salpicaduras
   d. Alabeo

   d. Exceso de energía térmica sin control
   a. Velocidad de avance excesiva
   c. Protección gaseosa inadecuada
   b. Mal posicionamiento del cordón en ángulo

5. ¿Qué ensayo no destructivo sería más apropiado para detectar una grieta interna en una unión soldada en acero inoxidable?

   Ensayo por ultrasonidos (UT)

6. **Explica brevemente dos particularidades del soldeo MIG cuando se trabaja con acero inoxidable para evitar defectos.**

Requiere limpieza estricta para evitar contaminación superficial y un control cuidadoso del caudal de gas para prevenir la oxidación.

7. **¿Qué tipo de discontinuidad dimensional puede estar causada por una separación inadecuada entre piezas o por una mala preparación de bordes?**

   a. Socavado
   b. Falta de penetración
   c. **Concavidad en la raíz**
   d. Garganta insuficiente

8. **Determina si la siguiente oración es verdadera o falsa: "En la soldadura MIG de acero inoxidable, las salpicaduras internas no eliminadas pueden ser motivo de rechazo en sectores como el alimentario o farmacéutico".**

   ■ **Verdadero**
   ■ Falso

9. **Relaciona cada defecto con su medida preventiva:**

   a. Falta de fusión
   b. Oxidación superficial
   c. Proyecciones

   b. Asegurar la protección con gas inerte adecuada
   a. Mejorar el posicionamiento y control del ángulo de la antorcha
   c. Optimizar los parámetros de corriente y tensión

10. **¿Qué ensayo no destructivo sería más adecuado para detectar defectos internos en una tubería de acero inoxidable ya instalada?**

    a. Inspección visual
    b. Líquidos penetrantes
    c. **Radiografía**
    d. Ensayo de tracción

Soldadura con alambre tubular

Ejercicios de autoevaluación
Unidad de Aprendizaje 1

1. ¿Qué ocurre si se usa una corriente demasiado alta en la soldadura con alambre tubular?

   a. **Se incrementa la penetración y puede atravesar el material.**
   b. Se genera una transferencia globular más estable.
   c. Se obtiene un cordón de soldadura más estrecho y con menor resistencia.
   d. Mejora la estabilidad del arco sin efectos negativos.

2. ¿Cuál de los siguientes factores no influye en la regulación de la corriente de soldadura?

   a. Tipo de gas protector
   b. Diámetro del alambre
   c. Posición de soldadura
   d. **Velocidad del viento en el ambiente de trabajo**

3. Determina si la siguiente oración es verdadera o falsa: "La transferencia por *spray* es recomendable para materiales delgados como chapas de 1 mm de espesor".

   ■ Verdadero
   ■ **Falso**

4. Completa la siguiente oración:

   La mezcla de gas protector más utilizada en la soldadura de acero al carbono con alambre tubular es **argón** y **dióxido de carbono** en una proporción de **75 %-25 %**.

5. Explica la importancia de la inclinación y dirección de la pistola en la calidad del cordón de soldadura.

   La inclinación y dirección de la pistola afectan la penetración del cordón y la estabilidad del arco. Un mal ajuste puede generar defectos como inclusiones de escoria o porosidad.

6. Relaciona cada término con su definición correcta:

   a. Extensión del electrodo
   b. Voltaje de arco
   c. Transferencia por cortocircuito

   a. Longitud del alambre desde la boquilla hasta la pieza de trabajo
   c. Tipo de transferencia metálica que ocurre a baja corriente
   b. Relación entre voltaje y transferencia metálica

7. Ordena los siguientes pasos para la regulación de la velocidad de desplazamiento en soldadura:

   1. Determinar la posición de soldadura.
   2. Ajustar la velocidad en función del amperaje y voltaje.
   3. Realizar pruebas con diferentes velocidades.
   4. Verificar la estabilidad del arco y la forma del cordón.
   5. Documentar los parámetros usados.

8. Determina si la siguiente oración es verdadera o falsa: "Una velocidad de desplazamiento muy baja puede generar sobrecalentamiento y penetración excesiva en la soldadura".

   ■ **Verdadero**
   ■ Falso

9. Completa la siguiente oración:

   En la soldadura con alambre tubular, una extensión del electrodo demasiado larga puede generar **menor** penetración y **mayor** riesgo de porosidad en el cordón de soldadura.

10. ¿Cuál es el efecto de utilizar un voltaje de arco demasiado alto en la soldadura con alambre tubular?

   a. **Se reduce la penetración y el cordón se vuelve más ancho.**
   b. Se incrementa la velocidad de deposición sin afectar la penetración.

c. Se genera un arco inestable y aumenta la posibilidad de inclusiones de escoria.

d. No tiene un efecto significativo en la calidad de la soldadura.

Ejercicios de autoevaluación
Unidad de Aprendizaje 2

1. ¿Cuál de los siguientes defectos es considerado crítico por su facilidad para propagarse y causar fallos estructurales?

    a. Falta de simetría
    b. Grietas
    c. Proyecciones
    d. Socavado

2. ¿Qué ensayo no destructivo es el más apropiado para detectar discontinuidades internas en soldaduras?

    a. Inspección visual
    b. Líquidos penetrantes
    c. Partículas magnéticas
    d. Ultrasonidos

3. Determina si la siguiente oración es verdadera o falsa: "Las inclusiones de escoria pueden producirse si no se limpia correctamente entre pasadas de soldadura".

    ■ **Verdadero**
    ■ Falso

4. Completa la siguiente oración:

El defecto denominado **traslape** se produce cuando el material fundido se desborda más allá del borde del chaflán, sin fusionarse con el metal base.

5. ¿Por qué es importante realizar ensayos no destructivos en estructuras críticas una vez soldadas?

Porque permiten detectar defectos internos o superficiales sin dañar la pieza, garantizando que la estructura es segura y funcional antes de entrar en servicio.

6. **Relaciona los conceptos:**

    a. Porosidad
    b. Inclusión de escoria
    c. Socavado

    b. Ocurre por presencia de escoria atrapada entre pasadas.
    a. Se genera por burbujas de gas atrapadas en el metal solidificado.
    c. Es una erosión en los bordes del cordón por exceso de calor.

7. **Ordena los siguientes pasos en un proceso correcto de inspección visual:**

    1. Limpiar la zona del cordón de soldadura.
    2. Realizar observación con luz adecuada y herramientas de inspección.
    3. Identificar e interpretar las discontinuidades.
    4. Comparar con los criterios de aceptación establecidos.
    5. Documentar los resultados.

8. **Determina si la siguiente oración es verdadera o falsa: "El ensayo con partículas magnéticas solo permite detectar discontinuidades internas profundas".**

    ■ Verdadero
    ■ **Falso**

9. **Completa la siguiente oración:**

    Las grietas por solidificación pueden evitarse mediante un **precalentamiento** adecuado y un **enfriamiento** controlado que reduzca las tensiones internas.

10. **¿Qué defecto puede presentarse si el operador mantiene una velocidad muy baja de avance y un ángulo inadecuado de la pistola?**

    a. Falta de material
    b. Falta de penetración
    c. Socavado
    d. Falta de alineación

Realización de las operaciones postsoldeo con electrodo

Ejercicios de autoevaluación
Unidad de Aprendizaje 1

1. Determina si la siguiente oración es verdadera o falsa: "El tratamiento de temple siempre aumenta la ductilidad del acero".

   ■ Verdadero
   ■ **Falso**

2. **Describe brevemente la función de un horno de vacío en tratamientos térmicos.**

   Un horno de vacío se utiliza para realizar tratamientos térmicos en ausencia de oxígeno, evitando la oxidación y permitiendo un control preciso de la atmósfera.

3. **¿Qué parámetros fundamentales se deben controlar durante un tratamiento de revenido?**

   Los parámetros fundamentales son la temperatura y el tiempo de mantenimiento.

4. **Determina si la siguiente oración es verdadera o falsa: "El postcalentamiento siempre se aplica antes de realizar la soldadura".**

   ■ Verdadero
   ■ **Falso**

5. **Explica la diferencia entre un tratamiento de normalizado y un recocido.**

   El normalizado refina la microestructura mediante enfriamiento al aire, mientras que el recocido busca ablandar el material mediante enfriamiento lento en horno.

6. **¿Qué tipo de acabado superficial se utiliza para eliminar óxido y escamas de una pieza metálica?**

   El decapado.

7. **Determina si la siguiente oración es verdadera o falsa: "La nitruración es un tratamiento que aumenta la resistencia a la corrosión del acero".**

   ■ **Verdadero**
   ■ Falso

8. **Describe las precauciones de seguridad necesarias al utilizar un tratamiento térmico.**

   Se debe usar EPP adecuado (guantes, gafas, pantalla facial), evitar el contacto directo y asegurar una ventilación adecuada.

9. **¿Qué efecto tiene un tratamiento de temple seguido de revenido en las propiedades mecánicas del acero?**

   Aumenta la dureza y reduce la fragilidad, mejorando la tenacidad.

10. **Explica brevemente cómo se realiza un tratamiento de postcalentamiento por inducción.**

    Se utiliza un inductor de alta frecuencia para generar calor en la pieza, calentándola rápidamente y de forma localizada.

Ejercicios de autoevaluación
Unidad de Aprendizaje 2

1. Determina si la siguiente oración es verdadera o falsa: "La falta de penetración en la raíz de una soldadura se detecta fácilmente mediante inspección visual desde la cara de la soldadura".

   ■ Verdadero
   ■ **Falso**

2. Describe brevemente cómo se realiza un examen metrológico de un cordón de soldadura.

   Se utilizan herramientas como galgas de soldadura, micrómetros o calibres para medir dimensiones como la garganta, el lado y la longitud del cordón, comparándolas con las especificaciones técnicas.

3. ¿Qué defectos se corrigen habitualmente mediante técnicas de esmerilado?

   Sobreespesores, proyecciones y rebabas.

4. Determina si la siguiente oración es verdadera o falsa: "Las morde‐duras en soldadura son causadas principalmente por una velocidad de soldadura excesiva".

   ■ **Verdadero**
   ■ Falso

5. Explica la importancia de verificar la planitud y perpendicularidad de piezas soldadas.

   Verificar la planitud y perpendicularidad asegura que las piezas cumplan con las tolerancias dimensionales y geométricas, garantizando su correcto funcionamiento en el conjunto final.

6. **¿Qué tipo de alteración puede ocurrir al eliminar puntos de amarre mediante corte térmico?**

Deformaciones en la pieza debido a la concentración de calor.

7. **Determina si la siguiente oración es verdadera o falsa: "La inspección visual es suficiente para detectar todas las imperfecciones en una unión soldada".**

   - ■ Verdadero
   - ■ **Falso**

8. **Describe las medidas de seguridad necesarias al realizar operaciones de amolado.**

Utilizar gafas de seguridad, protección respiratoria, guantes y protección auditiva para evitar lesiones por partículas voladoras, polvo y ruido.

9. **¿Qué se debe hacer si se detecta una desviación en las dimensiones de un cordón de soldadura durante un examen metrológico?**

Corregir la desviación mediante técnicas de mecanizado como esmerilado o rectificado, asegurando que las dimensiones cumplan con las especificaciones.

10. **Explica brevemente cómo se documenta el resultado final de un proceso de soldadura.**

Se registra la inspección visual, las mediciones dimensionales, las correcciones realizadas y cualquier incidencia, utilizando la designación normalizada de defectos y las unidades de medida correspondientes.